Low Carb Kochbuch

Das große Rezeptbuch
mit über 120 leckeren Rezepten

Gesund ernähren & schnell abnehmen

Für Anfänger, Berufstätige & Faule
Inkl. 30 Tage Ernährungsplan Diät,
Wraps, Vegetarisch,
Nährwertangaben

LOW CARB COOKING

Inhaltsverzeichnis

Vorwort

Du möchtest abnehmen und hast es schon mit verschiedenen Diäten versucht, aber noch keinen Erfolg gehabt? Das ist kein Wunder, denn die meisten Diäten haben den Jojo-Effekt. Eine Diät ist zumeist mit Einschränkungen verbunden. Am Ende einer Diät hast du vielleicht abgenommen, doch häufig verfällst du wieder in die alten Ernährungsgewohnheiten. Du nimmst zu und wiegst mehr als vor der Diät.

Anders sieht das mit der Low Carb Diät aus. Mit dieser Diät musst du auf nichts verzichten. Du kannst genießen ohne Reue und abnehmen, ohne zu hungern. Bei der Low Carb Diät nimmst du nur wenige Kohlenhydrate zu dir. Die Hauptbestandteile deiner Nahrung sind Fette und Eiweiß. Auch wenn so manches Gericht, das in diesem Buch vorgestellt wird, fetthaltig und kalorienreich ist, kannst du abnehmen. Diese Diät zielt auf die Verbrennung von Körperfett ab, auch wenn du Fett zu dir nimmst. Da der Körper nur wenige Kohlenhydrate bekommt, muss er seine Energie aus den eigenen Fettreserven beziehen. Bist du eine Naschkatze, musst du auf Süßes nicht verzichten. Du kannst sogar Kuchen und Eis essen, da statt Zucker andere Süßungsmittel verwendet werden.

Dieses Buch erläutert dir die Grundlagen der Low Carb Diät und was du dabei beachten musst. Die Rezepte sind einfach zuzubereiten. Bei der Low Carb Diät musst du auf Fastfood, Fertiggerichte und süße Limonaden verzichten. Bei dieser Diät musst du die Speisen selbst zubereiten. Dabei kannst du den Spaß am Kochen entdecken. Das Buch bietet dir viele abwechslungsreiche Rezepte. Der 30-Tage-Plan am Ende des Buches zeigt dir, wie du dich kohlenhydratarm und abwechslungsreich ernähren kannst. Verschiedene Rezepte kannst du schnell zubereiten. Sie eignen sich gut für Menschen mit wenig Zeit.

Superfoods wie Chia-Samen, Quinoa, Amaranth oder Avocados liegen im Trend und sind gesund. Auch bei der Low Carb Diät können sie verwendet werden. Entdecke die Vielfalt dieser Ernährung und finde deine Lieblingsrezepte. Auch dann, wenn du dein Ziel erreicht hast, kannst du diese Ernährungsform beibehalten.

1. Was ist Low Carb & wie funktioniert sie?

Bei der Low Carb Diät wird die Kohlenhydratzufuhr deutlich reduziert. Täglich darfst du nur maximal 150 Gramm Kohlenhydrate zu dir nehmen. Eine besonders strenge Form der Low Carb Diät ist die Ketogene Diät, bei der du täglich nicht mehr als 30 Gramm Kohlenhydrate zu dir nehmen darfst. Ziel der Low Carb Diät ist die Gewichtsabnahme, doch verfolgt diese Diät noch weitere Ziele. Das Hungergefühl wird bei dieser Diät reduziert, da die Speisen aufgrund des höheren Gehalts an Fetten und Eiweißen stark sättigen. Da du mit dieser Diät besonders am Bauch abnehmen kannst, reduzierst du das Risiko für einen Herzinfarkt. Aufgrund der geringen Kohlenhydratzufuhr ist diese Diät auch für Diabetiker geeignet. Mit der Low Carb Ernährung kannst du nicht nur abnehmen, sondern du fühlst dich auch fitter, besser und leistungsfähiger.

Führst du die Low Carb Diät konsequent durch, kannst du in die Ketose gelangen. Das gelingt mit der ketogenen Diät als strengste Form der Low Carb Diät noch schneller, doch vielen ist diese Variante zu radikal. Bei einer Reduzierung der Kohlenhydrate stellt sich der Körper auf die Ketose um, die auch als Hungerstoffwechsel bezeichnet wird. Das heißt nicht, dass du bei der Low Carb Diät hungern musst. Bei dieser Diät kannst du herzhafte, deftige Speisen essen und musst nicht hungern.

Eine Ketose liegt vor, wenn nicht genügend Kohlenhydrate vorhanden sind, aus denen der Körper Energie gewinnen kann. Der Körper gewinnt die Energie einerseits aus den Fetten, die du ihm zuführst, und andererseits aus den körpereigenen Fettreserven. Das bringt die Fettpolster, auch am Bauch, zum Schmelzen. Fette werden schneller in Energie umgewandelt und können dich noch schneller mit Energie versorgen als Kohlenhydrate. Das führt zu mehr Leistungsfähigkeit. Möchtest du noch schneller in die Ketose gelangen und noch mehr abnehmen, kannst du, wenn du mit der Low Carb Diät gut zurechtkommst, von der Low Carb Diät zur ketogenen Diät übergehen.

2. Die Vorteile von Low Carb

Die Low Carb Diät bringt eine ganze Reihe von Vorteilen für die Gesundheit. Du kannst dich richtig sattessen und musst nicht hungern. Aufgrund des höheren Fett- und Eiweißgehalts der Speisen hält das Sättigungsgefühl länger an. Bei dieser Diät wird nicht nur das Unterhautfettgewebe weniger, sondern sie nimmt auch das nicht sichtbare Fett, das viszerale Fett, ins Visier. Dieses viszerale Fett befindet sich im Bauch und an den inneren Organen, wo es erhebliche gesundheitliche Schäden verursachen kann. Mit weniger Bauchfett und weniger Viszeralfett wird das Risiko eines Herzinfarktes geringer. Auch die Gefahr für andere Herz-Kreislauf-Krankheiten ist geringer. Die Diät verringert das schlechte Cholesterin im Blut, während das gute Cholesterin mehr wird. Aufgrund der geringen Kohlenhydratzufuhr bleiben die Blutzuckerwerte stabil, das Risiko von Diabetes ist geringer.

Weitere positive Effekte dieser Diät sind weniger Wassereinlagerungen im Körper, ein geringerer Blutdruck und ein stabileres Energielevel. Der Körper gewinnt die Energie aus dem Körperfett und aus den ihm zugeführten Fetten. Du wirst leistungsfähiger und kannst dich besser und länger konzentrieren. Leidest du unter Schlafstörungen, könnte dieses Problem bald der Vergangenheit angehören.

Ein weiteres Plus: Die ganze Familie kann mitessen.

Wie sieht es nun mit der Abnehmformel aus?

Frauen nehmen anders ab als Männer. Frauen haben weniger Muskelmasse als Männer und einen langsameren Stoffwechsel. Viele Frauen berichten bei der Einnahme der Pille von einer Gewichtszunahme. Fett kann von Frauen besser gespeichert werden als von Männern. Diese Tatsache sichert Frauen das Überleben während der Schwangerschaft, da lebensnotwendige Reserven angelegt werden.

Egal, ob du eine Frau oder ein Mann bist – für beide gilt die gleiche Abnehmformel:

Viel Fett, etwas Eiweiß, kaum Kohlenhydrate (maximal 150 Gramm pro Tag).

Die Low Carb Diät hilft Frauen und Männern beim Abnehmen. Wie schnell du abnimmst, hängt von verschiedenen Faktoren ab. Geschlecht, Alter, genetische Veranlagung und Lebensumstände spielen neben der Zusammensetzung deiner Ernährung eine Rolle. Wichtig ist, dass du dich nicht unter Druck setzt.

Leidest du unter verschiedenen Erkrankungen und möchtest dich mit Low Carb ernähren, solltest du dich zuvor vom Arzt beraten lassen. Für Schwangere und Untergewichtige Personen ist diese Ernährungsform nicht geeignet.

3. Welche Lebensmittel sollte man meiden, welche eignen sich?

Bei der Low Carb Diät kommt es auf die richtigen Lebensmittel an. Grundsätzlich solltest du kohlenhydratreiche Lebensmittel meiden. Dazu gehören Backwaren jeglicher Art, beispielsweise Brot, Brötchen oder Kuchen. In diesen Lebensmitteln sind Kohlenhydrate in Form von Stärke und Zucker enthalten. Es gibt jedoch Rezepte für Low-Carb-Gebäcke, die kaum Kohlenhydrate haben. Auch Müslis und Frühstücksflocken sind kohlenhydratreich und sollten gemieden werden. Nudeln, Reis und Kartoffeln solltest du weitgehend aus deinem Speiseplan streichen, da sie stärkehaltig sind. Auch verschiedene Obstsorten, die reich an Kohlenhydraten sind, beispielsweise Bananen, Weintrauben, Birnen oder Äpfel, solltest du meiden. Generell solltest du auf zuckerhaltige Speisen wie Desserts, Schokolade und andere Süßigkeiten sowie auf Softdrinks wie Cola, Limonade und Fruchtsäfte verzichten.

Fastfood und Fertiggerichte sind bei der Low Carb Diät tabu. Du solltest auch auf Fruchtjoghurt oder Fruchtquark verzichten und stattdessen einfachen Speisequark oder Naturjoghurt mit den geeigneten kohlenhydratarmen Früchten zubereiten.

Selbst ist der Mann oder die Frau – das ist der Grundsatz bei der Low Carb Diät. Die Speisen solltest du selbst zubereiten, um sicher zu sein, dass sie nur wenige Kohlenhydrate enthalten.

Die Low Carb Diät erscheint dir aufgrund der vielen Lebensmittel, die du meiden solltest, sehr streng? Dann überzeuge dich von den Lebensmitteln, die erlaubt sind. Ganz sicher ist etwas dabei, was du magst.

Auf Obst musst du nicht verzichten, da Beeren wie Erdbeeren, Himbeeren, Blaubeeren oder Johannisbeeren geeignet sind. Erlaubt sind auch Pfirsiche, Datteln, Orangen oder Papayas. An Gemüse ist fast alles erlaubt, vor allem Avocado, Brokkoli, Tomaten, Paprika, Radieschen, Kürbis, Blumenkohl, Zwiebel oder Zucchini. Du darfst auch Nüsse und Samen essen. Superfood wie Paranüsse, Walnüsse, Pinienkerne oder Chia-Samen gehören dazu. Als Öle zur Zubereitung der Speisen eignen sich am besten Kokosöl, Avocadoöl, Olivenöl oder Rapsöl. Milchprodukte wie Naturjoghurt, Quark, Buttermilch, Soja- und Mandelmilch, Käse und Butter sind gesund und perfekt für die Low Carb Diät. Eier, aber auch Fleisch und Fisch jeglicher Art sind erlaubt.

4. Low Carb Frühstück – Kraftvoll in den Tag

Bei der Low Carb Diät beginnt der Tag mit einem herzhaften Frühstück, das dich mit Energie für den Tag versorgt.

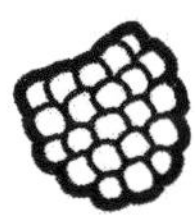

4.1 Himbeermüsli

Für 1 Portion
Zubereitungszeit:
30 Minuten
Schwierigkeitsgrad: leicht
Kalorien: 339 kcal
Nährwerte pro Portion:
Eiweiß: 24 Gramm
Fett: 22 Gramm
Kohlenhydrate: 11 Gramm

Zutaten:

5 EL Quark
2 EL Wasser
2 TL Leinsamen
3 TL Walnüsse gehackt
100 Gramm Himbeeren

Zubereitung:

1. Quark mit Wasser vermengen.
2. Leinsamen dazugeben und 10 Minuten quellen lassen.
3. Himbeeren und Walnüsse hinzufügen und verrühren.

4.2 Fruchtiges Müsli

Für 1 Portion
Zubereitungszeit:
10 Minuten
Schwierigkeitsgrad: leicht
Kalorien: 280 kcal
Eiweiß: 11 Gramm
Fett: 11 Gramm
Kohlenhydrate: 31 Gramm

Zutaten:

200 Gramm Naturjoghurt
50 Gramm Low Carb Müslimischung
½ Kiwi
½ Apfel
¼ Banane
20 Gramm Brombeeren

Zubereitung:

1. Vom Apfel das Kerngehäuse entfernen. Kiwi schälen. Apfel und Kiwi in kleine Stücke, Banane in dünne Scheiben schneiden.
2. Joghurt mit Müsli und Früchten mischen.

4.3 Low Carb Brot mit Hüttenkäse und Avocado

Für 1 Portion
Zubereitungszeit: 5 Minuten
Schwierigkeitsgrad: leicht
Kalorien: 490 kcal
Eiweiß: 16 Gramm
Fett: 28 Gramm
Kohlenhydrate: 37 Gramm

Zutaten:

2 Scheiben Low Carb Brot (siehe Kapitel 13 Brot Rezepte)
60 Gramm Hüttenkäse
½ Limette
½ Avocado
Chiliflocken, Meersalz, Pfeffer

Zubereitung:

1. Brot mit Hüttenkäse bestreichen.
2. Fruchtfleisch der Avocado lösen und in Scheiben schneiden. Limette pressen und den Saft über die Avocadoscheiben geben.
3. Avocadoscheiben auf das Brot legen und würzen.

4.4 Low Carb Brot mit Avocado und Forelle

Für 2 Portionen
Zubereitungszeit:
10 Minuten
Schwierigkeitsgrad: leicht
Kalorien: 425 kcal
Nährwerte pro Portion:
Eiweiß: 21 Gramm
Fett: 33 Gramm
Kohlenhydrate: 9 Gramm

Zutaten:

4 Scheiben Low Carb Brot
75 Gramm geräucherte Forelle
½ Avocado
1 Esslöffel Kresse
20 Gramm Erdbeergelee
1 rote Chilischote
1 Zitrone
Salz, Pfeffer

Zubereitung:

1. Fruchtfleisch der Avocado lösen und zu einer cremigen Masse zerdrücken. Masse auf die Brotscheiben streichen.

2. Forelle in Stücke zupfen und auf die Brotscheiben geben. Mit Kresse bestreuen. Zitrone auspressen. Chilischote in sehr feine Ringe schneiden.

3. Erdbeergelee mit Zitronensaft, Chili, Salz und Pfeffer mischen und über die Forelle geben.

4.5 Low Carb Brot mit Avocado und Lachs

Für 1 Portion
Zubereitungszeit:
10 Minuten
Schwierigkeitsgrad: leicht
Kalorien: 804 kcal
Eiweiß: 31 Gramm
Fett: 72 Gramm
Kohlenhydrate: 8 Gramm

Zutaten:

3 Scheiben Low Carb Brot
½ Avocado
60 Gramm grüne Oliven
70 Gramm geräucherter Wildlachs
20 Gramm Butter
1 Limette
1 Esslöffel Olivenöl
Salz, Pfeffer

Zubereitung:

1. Low Carb Brot im Toaster rösten und mit Butter bestreichen.

2. Avocadofleisch lösen und in Scheiben schneiden. Limette auspressen und Saft über die Avocadoscheiben geben.

3. Avocadoscheiben und Lachs auf das Brot geben. Olivenöl über die Avocadoscheiben träufeln und Avocadoscheiben würzen.

4.6 Müsli mit Banane

Für 1 Portion
Zubereitungszeit: 10 Minuten
Schwierigkeitsgrad: leicht
Kalorien: 375 kcal
Eiweiß: 21 Gramm
Fett: 24 Gramm
Kohlenhydrate: 20 Gramm

Zutaten:

100 Gramm Quark
100 Gramm Naturjoghurt
50 Gramm Kokosmüsli Low Carb
50 Gramm Brombeeren
¼ Banane
1 Esslöffel grob gehackte Mandeln

Zubereitung:

1. Joghurt und Quark mischen. Banane in dünne Scheiben schneiden.

2. Müsli mit der Quark-Joghurt-Mischung verrühren. Früchte und Mandeln darüber geben.

4.7 Gemüse-Omelett

Für 1 Portion
Zubereitungszeit:
20 Minuten
Schwierigkeitsgrad: leicht
Kalorien: 743 kcal
Eiweiß: 30 Gramm
Fett: 63 Gramm
Kohlenhydrate: 14 Gramm

Zutaten:

4 Eier
1 Esslöffel Sahne
50 Gramm Avocado
40 Gramm Paprikaschote
4 Kirschtomaten
20 Gramm Tiefkühl-Erbsen
20 Gramm Mais aus der Dose
1 kleine Zwiebel
3 Esslöffel Olivenöl
Etwas Petersilie
Salz, Pfeffer

Zubereitung:

1. Erbsen auftauen lassen. Fruchtfleisch der Avocado lösen. Avocado und Tomaten in Scheiben, Paprika in Streifen schneiden. Zwiebeln schälen und in Ringe schneiden. Petersilie hacken, Mais abtropfen lassen. Eier mit Sahne, Salz und Pfeffer verrühren.

2. Öl erhitzen und Eier hineingeben. Wenn sich die Unterseite der Eier von der Pfanne löst, wenden. Gemüse auf das Omelett geben, Petersilie darüber streuen und das Omelett zusammenklappen.

4.8 Spiegeleier mit Bacon und Avocado

Für 1 Portion
Zubereitungszeit:
15 Minuten
Schwierigkeitsgrad: leicht
Kalorien: 550 kcal
Eiweiß: 21 Gramm
Fett: 50 Gramm
Kohlenhydrate: 2 Gramm

Zutaten:

2 Eier
30 Gramm Bacon in Scheiben
½ Avocado
20 Gramm Rucola
1 Esslöffel Olivenöl
Salz, Pfeffer

Zubereitung:

1. Fruchtfleisch der Avocado lösen und in Scheiben schneiden. Vom Rucola die Stiele entfernen. Avocado und Rucola dekorativ anrichten.

2. Öl erhitzen und Bacon darin anbraten. Aus der Pfanne nehmen und Eier in die Pfanne schlagen. Bis zur gewünschten Konsistenz braten.

3. Eier mit Bacon auf den Teller zu Avocado und Rucola geben und würzen.

4.9 Spiegelei mit Paprika und grünen Bohnen

Für 1 Portion
Zubereitungszeit:
20 Minuten
Schwierigkeitsgrad: leicht
Kalorien: 357 kcal
Eiweiß: 22 Gramm
Fett: 21 Gramm
Kohlenhydrate: 18 Gramm

Zutaten:

2 Eier
150 Gramm frische grüne Bohnen
50 Gramm frischer Rosenkohl
50 Gramm rote Paprika
30 Gramm Tiefkühl-Erbsen
1 Zwiebel, gewürfelt
1 Esslöffel Olivenöl
Salz, Pfeffer

Zubereitung:

1. Bohnen putzen, in Stücke schneiden und 6 Minuten in kochendem Wasser garen. Abgießen und abtropfen lassen. Rosenkohl putzen und halbieren. Erbsen auftauen lassen. Paprika in Streifen schneiden.
2. Olivenöl erhitzen, Zwiebel darin anbraten. Gemüse dazugeben, anbraten und würzen.
3. In die Mitte der Pfanne die Eier schlagen und bis zur gewünschten Konsistenz braten.

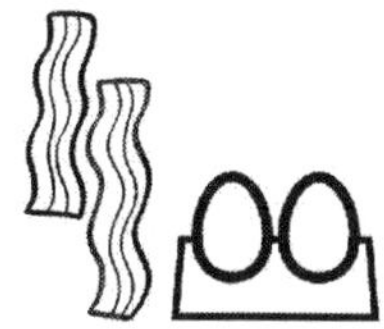

4.10 Rührei mit Bacon und Schnittlauch

Für 1 Portion
Zubereitungszeit: 15 Minuten
Schwierigkeitsgrad: leicht
Kalorien: 460 kcal
Eiweiß: 29 Gramm
Fett: 37 Gramm
Kohlenhydrate: 3 Gramm

Zutaten:

3 Eier
3 Scheiben Bacon
1 Esslöffel Olivenöl
Etwas Schnittlauch
Salz, Pfeffer

Zubereitung:

1. Eier mit Salz und Pfeffer verrühren.
2. Öl erhitzen, Bacon darin anbraten, aus der Pfanne nehmen. Eier in die Pfanne geben, stocken lassen und verrühren.

3. Schnittlauch in Ringe schneiden und zum Rührei geben. Mit Bacon servieren.

4.11 Obst-Nuss Salat

Für 2 Portionen
Zubereitungszeit:
10 Minuten
Schwierigkeitsgrad: leicht
Kalorien: 228 kcal
Nährwerte pro Portion:
Eiweiß: 4 Gramm
Fett: 14 Gramm
Kohlenhydrate: 18 Gramm

Zutaten:

200 Gramm Birne
10 Gramm Babyspinat
40 Gramm Walnüsse
60 Granatapfelkerne

Zubereitung:

1. Birnen waschen und das Kerngehäuse entfernen.
2. Nüsse grob und Birnen in dünne Streifen schneiden.
3. Spinat waschen, Granatapfelkerne mit den restlichen Zutaten in eine Salatschüssel geben und vermischen.

5. Vegetarische Low Carb Rezepte mit leckerem Gemüse

Ernährst du dich vegetarisch, findest du auch bei der Low Carb Diät leckere Rezepte. Die vegetarischen Speisen sorgen mit viel Gemüse für Abwechslung.

5.1 Zucchini-Auflauf

Für 2 Portionen
Zubereitungszeit:
60 Minuten
Schwierigkeitsgrad: leicht
Kalorien: 544 kcal
Nährwerte pro Portion:
Eiweiß: 24 Gramm
Fett: 49 Gramm
Kohlenhydrate: 7 Gramm

Zutaten:

300 Gramm Zucchini
2 Knoblauchzehen, fein gewürfelt
1 Frühlingszwiebel, in Ringen
150 Gramm Mozzarella, gerieben
200 Milliliter Sojamilch
50 Milliliter Sahne
Einige Stängel Petersilie
2 Esslöffel Butter
1 Esslöffel Dinkelmehl
Etwas geriebene Muskatnuss
Salz, Pfeffer

Zubereitung:

1. Zucchini in etwa 5 mm dicke Scheiben schneiden. Petersilie fein hacken.

2. Butter schmelzen und das Mehl einrühren. Milch und Sahne unterrühren, würzen. Knoblauch, Petersilie und Zucchini in die Sauce geben und einige Minuten köcheln lassen. Masse in eine Auflaufform füllen, Mozzarella darüber streuen.

3. Auflauf im vorgeheizten Backofen bei 180 Grad Umluft 40 Minuten garen.

5.2 Gegrillte Zucchini mit Kräutern

Für 4 Portionen
Zubereitungszeit:
30 Minuten
Schwierigkeitsgrad: leicht
Kalorien: 110 kcal
Nährwerte pro Portion:
Eiweiß: 2 Gramm
Fett: 10 Gramm
Kohlenhydrate: 4 Gramm

Zutaten:

500 Gramm Zucchini
4 Esslöffel Olivenöl
1 Esslöffel frisch gerissene Zitronenzesten
6 Knoblauchzehen, zerdrückt
4 Thymianzweige
½ rote Chilischote
Salz, Pfeffer

Zubereitung:

1. Zucchini längs in 1 cm dicke Scheiben schneiden. Chilischote hacken. Zucchini mit Öl bestreichen und würzen.

2. Zucchini in die heiße Grillpfanne legen und Thymian sowie Knoblauch dazugeben. Sind Röststreifen deutlich zu erkennen, die Zucchinischeiben umdrehen. Zitronenzesten über die Zucchini geben.

5.3 Blumenkohlrösti mit Spiegelei

Für 2 Portionen
Zubereitungszeit:
40 Minuten
Schwierigkeitsgrad: leicht
Kalorien: 289 kcal
Nährwerte pro Portion:
Eiweiß: 15 Gramm
Fett: 19 Gramm
Kohlenhydrate: 11 Gramm

Zutaten:

Für die Röstis:
300 Gramm geriebener Blumenkohl
80 Gramm Kartoffeln
1 Ei
Muskat
1 Esslöffel Olivenöl

Für die Spiegeleier:
2 Eier
1 Teelöffel Olivenöl
2 Teelöffel Butter

Zusätzlich:
30 Gramm Rucola
Salz, Pfeffer

Zubereitung:

1. Blumenkohl- und Kartoffelraspeln mit Ei vermengen und würzen.
2. Öl erhitzen und die Masse portionsweise hineingeben. Röstis von beiden Seiten goldbraun braten.
3. Für die Spiegeleier Butter und Öl erhitzen und die Eier hineinschlagen. Würzen und bis zur gewünschten Konsistenz braten.

Röstis mit Spiegelei und Rucola anrichten.

5.4 Gemüsesteaks mit Tomatensalat

Für 2 Portionen
Zubereitungszeit: 30 Minuten
Schwierigkeitsgrad: leicht
Kalorien: 395 kcal
Nährwerte pro Portion:
Eiweiß: 22 Gramm
Fett: 28 Gramm
Kohlenhydrate: 9 Gramm

Zutaten:

500 Gramm Blumenkohl
1 Ei
100 Gramm geriebener Gouda
2 Stängel Petersilie
2 Stängel Dill
200 Gramm Tomaten
2 Esslöffel Olivenöl
Etwas geriebene Muskatnuss
Salz, Pfeffer

Zubereitung:

1. Blumenkohl sehr fein reiben und mit Ei, Gouda und Gewürzen zu Teig verarbeiten.

2. Öl erhitzen und aus dem Blumenkohlteig Fladen formen. Die Fladen von beiden Seiten mehrere Minuten im Öl goldbraun braten.

3. Tomaten in Scheiben schneiden, auf zwei Tellern anrichten, salzen und pfeffern. Kräuter hacken und über die Tomaten geben.

5.5 Vegane Gemüsespieße

Für 2 Portionen
Zubereitungszeit:
30 Minuten
Schwierigkeitsgrad: leicht
Kalorien: 196 kcal
Nährwerte pro Portion:
Eiweiß: 5 Gramm
Fett: 14 Gramm
Kohlenhydrate: 10 Gramm

Zutaten:

200 Gramm Kirschtomaten
100 Gramm Champignons
100 Gramm Paprikaschoten
100 Gramm Zucchini
100 Gramm Radieschen
1 Zwiebel
2 Thymianzweige
1 Rosmarinzweig
3 Esslöffel Olivenöl
Bunter Pfeffer
Salz

Zubereitung:

1. Zucchini in Scheiben schneiden, die Scheiben vierteln. Radieschen putzen und halbieren. Paprikaschoten in Stücke schneiden. Zwiebel schälen und vierteln. Champignons putzen und halbieren. Kräuter von den Zweigen zupfen und hacken.

2. Gemüse abwechselnd auf Spieße stecken. Spieße mit Öl beträufeln, salzen, pfeffern und die Kräuter darüber streuen.

3. Spieße auf dem heißen Grill von allen Seiten grillen.

5.6 Gemüsepfanne mit Auberginen und Paprika

Für 2 Portionen
Zubereitungszeit:
40 Minuten
Schwierigkeitsgrad: leicht
Kalorien: 168 Gramm
Nährwerte pro Portion:
Eiweiß: 4 Gramm
Fett: 10 Gramm
Kohlenhydrate: 12 Gramm

Zutaten:

300 Gramm Auberginen
100 Gramm grüne Paprikaschoten
100 Gramm rote Paprikaschoten
1 Zwiebel, gewürfelt
1 Chilischote, in Ringen
400 Milliliter Gemüsefond
6 Thymianzweige
½ Bund Basilikum
1 Esslöffel grüne Oliven ohne Stein
1 Esslöffel Kapern
2 Esslöffel Olivenöl
2 Teelöffel Tomatenmark
½ Teelöffel Tandoori-Gewürz
Salz, Pfeffer

Zubereitung:

1. Paprikaschoten in Stücke schneiden. Aubergine in Scheiben schneiden. Oliven in Scheiben schneiden. Thymian und Basilikum von den Zweigen zupfen.
2. Olivenöl erhitzen und Zwiebel darin anbraten. Gemüse und Chilischote dazugeben und mitbraten. Tomatenmark unterrühren. Gemüsefond dazugeben.
3. Oliven, Kapern, Thymian und Gewürze unterrühren und noch 10 Minuten garen. Mit Basilikumblättchen garnieren.

5.7 Zucchini-Bratlinge mit Joghurt-Dip

Für 2 Portionen
Zubereitungszeit:
45 Minuten
Schwierigkeitsgrad: leicht
Kalorien: 454 kcal
Nährwerte pro Portion:
Eiweiß: 22 Gramm
Fett: 34 Gramm
Kohlenhydrate: 13 Gramm

Zutaten:

Für die Bratlinge:
400 Gramm Zucchini
60 Gramm Kartoffeln
2 Eier
50 Gramm Parmesan
2 Esslöffel gehackte Petersilie
2 Esslöffel Olivenöl
Etwas geriebene Muskatnuss
Salz, Pfeffer

Für den Dip:
150 Gramm Joghurt
Saft einer halben Zitrone
2 Esslöffel Olivenöl
Salz, Pfeffer

Zubereitung:

1. Zucchini raspeln. Kartoffeln schälen und reiben. Zucchini, Kartoffeln und Salz vermengen und 10 Minuten ziehen lassen. Flüssigkeit abgießen.

2. Eier, Petersilie, frisch geriebenen Parmesan, Zucchini, Kartoffeln und Gewürze vermengen.

3. Öl erhitzen und aus der Zucchinimasse Fladen formen. Von beiden Seiten goldbraun braten. Die Zutaten für den Dip verrühren und Dip zu den Bratlingen servieren.

5.8 Ratatouille mit Kräutern

Für 4 Portionen
Zubereitungszeit:
60 Minuten
Schwierigkeitsgrad: leicht
Kalorien: 162 kcal
Nährwerte pro Portion:
Eiweiß: 4 Gramm
Fett: 10 Gramm
Kohlenhydrate: 11 Gramm

Zutaten:

300 Gramm Zucchini
200 Gramm Auberginen
400 Gramm Tomaten
1 gelbe Paprikaschote
1 rote Paprikaschote
2 Zwiebeln, gewürfelt
2 Knoblauchzehen, fein gewürfelt
200 Milliliter Gemüsefond
4 Stängel Basilikum
3 Stängel Thymian
2 Stängel Rosmarin
4 Esslöffel Olivenöl
2 Esslöffel Tomatenmark
Salz, Pfeffer

Zubereitung:

1. Zucchini, Tomaten und Auberginen in Scheiben schneiden. Paprika in Streifen schneiden. Von den Kräutern die Blätter von den Stielen zupfen. Rosmarin und Thymian hacken.

2. Öl erhitzen und Zwiebeln und Knoblauch darin anbraten. Tomatenmark dazugeben, anbraten. Mit Gemüsefond ablöschen, aufkochen lassen. Kräuter und Gewürze dazugeben.

3. Gemüse abwechseln in eine Auflaufform geben. Sauce darüber gießen und Auflauf im vorgeheizten Backofen bei 175 Grad Umluft 20 Minuten garen. Mit Basilikumblättern garnieren.

5.9 Gemüse-Frittata

Für 4 Portionen
Zubereitungszeit:
45 Minuten
Schwierigkeitsgrad: leicht
Kalorien: 295 kcal
Nährwerte pro Portion:
Eiweiß: 14 Gramm
Fett: 24 Gramm
Kohlenhydrate: 4 Gramm

Zutaten:

150 Gramm Auberginen
6 Kirschtomate
1 kleine Zwiebel
6 Eier
100 Milliliter Sahne
50 Gramm Cheddar
3 Stängel Petersilie
2 Esslöffel Olivenöl
1 Prise geriebene Muskatnuss
Salz, Pfeffer

Zubereitung:

1. Eier und Sahne verrühren. Aubergine in Scheiben schneiden. Tomaten halbieren. Zwiebel in Ringe schneiden. Petersilie hacken.
2. Öl erhitzen, Zwiebel darin anbraten. Tomaten und Auberginen dazugeben und mitbraten. Eiermischung dazugeben. Alles würzen und gut mischen. Cheddar in Stücke schneiden und dazugeben.
3. Im vorgeheizten Backofen bei 200 Grad Ober- und Unterhitze 25 Minuten backen. Geriebene Muskatnuss und Petersilie darüber streuen.

6. Low Carb Wraps & Burger

Wraps sind als kleine Mahlzeit, für die Pause bei der Arbeit und beim Sport, aber auch als Snacks geeignet. Magst du Burger, kannst du sie auch bei der Low Carb Diät genießen – mit wenigen Kohlenhydraten.

6.1 Wraps mit Gemüse

Für 4 Portionen
Zubereitungszeit:
30 Minuten
Schwierigkeitsgrad: leicht
Kalorien: 199 Gramm
Nährwerte pro Portion:
Eiweiß: 6 Gramm
Fett: 14 Gramm
Kohlenhydrate: 9 Gramm

Zutaten:

Für die Wraps:
85 Milliliter Milch
2 Eier
50 Gramm Butter
45 Gramm Kokosmehl
20 Gramm Mandelmehl

Für die Füllung:
½ rote Paprikaschote
50 Gramm Brokkoli
4 Salatblätter
1 Frühlingszwiebel, in Ringen
2 Esslöffel Mais aus der Dose
4 Esslöffel Naturjoghurt
Salz, Pfeffer

Zubereitung:

1. Butter zerlassen. Eier, Mehl, Milch und Butter zu Teig verarbeiten. In einer beschichteten Pfanne ¼ des Teiges von beiden Seiten kurz backen. Die anderen 3 Wraps genauso bereiten.

2. Brokkoli in Röschen teilen, kleinschneiden. Paprika in dünne Streifen schneiden. Mais abtropfen lassen.

3. Jeden Wrap mit Joghurt bestreichen, salzen und pfeffern. Gemüse auf die Wraps geben und zusammenrollen.

6.2 Big Mac Wrap

Für 3 Portionen
Zubereitungszeit:
35 Minuten
Schwierigkeitsgrad: leicht
Kalorien: 476 kcal
Nährwerte pro Portion:
Eiweiß: 37,5 Gramm
Fett: 31,5 Gramm
Kohlenhydrate: 8,7 Gramm

Zutaten:

230 Gramm Quark
110 Gramm Gouda, gerieben
120 Gramm Hackfleisch, gemischt
3 Eier
80 Gramm Kirschtomaten
80 Gramm Eisbergsalat
50 Gramm Gewürzgurken
2 Esslöffel Mayonnaise
4 Scheiben Schmelzkäse
1 Esslöffel Tomatenketchup
1 Teelöffel Senf, mittelscharf
Salz, Pfeffer

Zubereitung:

1. Quark, Reibekäse und Eier verrühren. Teig auf ein mit Backpapier belegtes Blech streichen und im vorgeheizten Backofen bei 180 Grad Ober- und Unterhitze 20 Minuten backen.

2. Für die Sauce Ketchup, Mayonnaise und Senf verrühren. Tomaten vierteln.

3. Salat in kleine Stücke schneiden. Hackfleisch im Öl anbraten. Schmelzkäsescheiben auf den noch warmen Teig legen. Gurken in Scheiben schneiden und auf den Schmelzkäse legen. Hackfleisch, Sauce, Tomaten und Eisbergsalat darauflegen. Teig vorsichtig aufrollen.

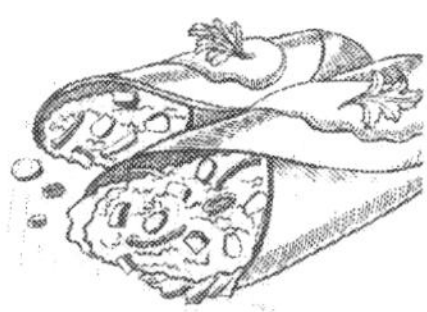

6.3 Cheeseburger-Salat-Wrap

Für 3 Portionen
Zubereitungszeit:
15 Minuten
Schwierigkeitsgrad: leicht
Kalorien: 175 kcal
Nährwerte pro Portion:
Eiweiß: 13,8 Gramm
Fett: 12,4 Gramm
Kohlenhydrate: 2,1 Gramm

Zutaten:

400 Gramm Rinderhackfleisch
100 Gramm Schmand
1 Zwiebel, in Ringen
1 Tomate
1 Kopf Eisbergsalat
1 Esslöffel Tomatenmark
1 Teelöffel Erythrit
3 Scheiben Schnittkäse
1 Teelöffel Balsamico-Essig
1 Teelöffel Worcestersauce
½ Teelöffel Paprika edelsüß
½ Teelöffel Senf, mittelscharf
½ Teelöffel Currypulver
Salz, Pfeffer
Ghee zum Anbraten

Zubereitung:

1. Tomate in Scheiben schneiden. Vom Eisbergsalat die großen Blätter entfernen, um sie für die Wraps zu verwenden.

2. Sauce aus Tomatenmark, Senf, Worcestersauce, Erythrit, Paprikapulver, Senf, Currypulver, Essig, Salz und Pfeffer bereiten.

3. Hackfleisch würzen, durchkneten und 3 Fladen daraus formen. Ghee erhitzen und die Fladen darin von beiden Seiten anbraten.

4. Auf jeden Fladen eine Scheibe Käse legen und schmelzen lassen. Salatblätter mit den Hackfleischfladen belegen. Tomaten und Zwiebelringe darauf geben und Salatblätter zusammenrollen.

6.4 Wolken-Burger

Für 2 Portionen
Zubereitungszeit:
25 Minuten
Schwierigkeitsgrad: leicht
Kalorien: 337 kcal
Nährwerte pro Portion:
Eiweiß: 33 Gramm
Fett: 21 Gramm
Kohlenhydrate: 5 Gramm

Zutaten:

220 Gramm Putenbrust, zu Hackfleisch verarbeitet
2 Eier
50 Gramm Frischkäse
4 Scheiben Gouda
1 Zwiebel, gewürfelt
1 Tomate, in Scheiben
1 Gewürzgurke, in Scheiben
2 Blätter Eisbergsalat
Röstzwiebeln
2 Esslöffel BBQ-Sauce
Etwas Sesam
2 Esslöffel Olivenöl

Zubereitung:

1. Eier trennen, Eiweiß zu Schnee schlagen. Eigelb und Frischkäse verrühren, Eischnee unterheben. Auf ein mit Backpapier belegtes Blech vier Kleckse von der Masse setzen. Sesam darüber streuen. Im vorgeheizten Backofen bei 180 Grad Umluft 20 Minuten backen.

2. Putenhackfleisch mit Zwiebel, Salz und Pfeffer vermengen und daraus vier Taler formen. Olivenöl erhitzen und die Hackfleischtaler von beiden Seiten darin anbraten.

3. Auf die Hackfleischtaler den Schnittkäse legen und schmelzen lassen. Burger zusammensetzen und dafür Tomaten, Furken, Salatblätter, BBQ-Sauce und Röstzwiebeln verwenden.

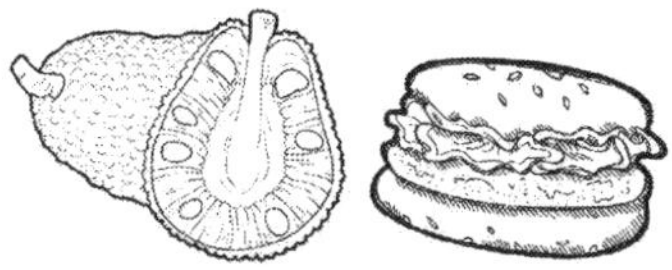

6.5 Vegane Burger

Für 2 Portionen
Zubereitungszeit:
ca. 60 Minuten
Schwierigkeitsgrad: leicht
Kalorien: 337 kcal
Nährwerte pro Portion:
Eiweiß: 33 Gramm
Fett: 21 Gramm
Kohlenhydrate: 5 Gramm

Zutaten:

Für die Patties:
2 vegane Burger Buns
1 Liter Gemüsebrühe
60 Gramm Kichererbsenmehl
30 Gramm Tomatenmark
1 Dose Jackfrucht in Salzlake
1 Teelöffel Rauchsalz
1 Teelöffel Koriander
1 Teelöffel Cayennepfeffer
1 Teelöffel Paprikapulver
1 Teelöffel Zwiebelpulver
½ Teelöffel Knoblauchpulver
1 Esslöffel Öl

Für den Belag:

1 Tomate, in Scheiben
1 Gewürzgurke, in Scheiben
1 Zwiebel, in Scheiben
2 Scheiben veganer Käse
1 Esslöffel Tomatenmark

Zubereitung:

1. Jackfrucht abtropfen lassen. Gemüsebrühe mit Rauchsalz aufkochen, Jackfrucht dazugeben und 30 Minuten köcheln lassen. Jackfrucht im Standmixer mit den übrigen Zutaten für die Patties mixen. Aus der Masse zwei Patties formen.

2. Öl erhitzen und Patties von beiden Seiten braten. Burger Buns aufschneiden und im Backofen kurz aufbacken.

3. Aus den Buns und Patties mit den übrigen Zutaten die Burger zusammensetzen.

6.6 Fitness-Burger mit Bacon

Für 2 Portionen
Zubereitungszeit: 1 Stunde
Schwierigkeitsgrad: mittel
Kalorien: 476 kcal
Nährwerte pro Portion:
Eiweiß: 38 Gramm
Fett: 32 Gramm
Kohlenhydrate: 8 Gramm

Zutaten:

1 Päckchen Backmischung für Low Carb Brötchen
200 Gramm Rinderhack
2 Esslöffel Mayonnaise
2 Esslöffel Sriracha-Sauce
2 Scheiben Gouda
1 Zwiebel, in Scheiben
4 Scheiben Bacon
2 Blätter Eisbergsalat
2 Esslöffel Tomatenmark
2 Teelöffel Senf
Salz, Pfeffer
2 Esslöffel Olivenöl

Zubereitung:

1. Brötchen aus der Mischung nach Packungsanleitung zubereiten und 45 Minuten gehen lassen. Aus dem Teig 2 Brötchen formen, nochmals gehen lassen und dann bei 200 Grad Ober- und Unterhitze im vorgeheizten Backofen 25 Minuten backen.

2. Hackfleisch würzen, zwei Patties daraus formen. Olivenöl erhitzen und die Patties von beiden Seiten darin anbraten.

3. Brötchen aufschneiden und mit Mayonnaise sowie Sriracha-Sauce bestreichen. Bacon anbraten. Brötchen mit Patties belegen, Patties mit Senf bestreichen. Burger mit den übrigen Zutaten zusammensetzen.

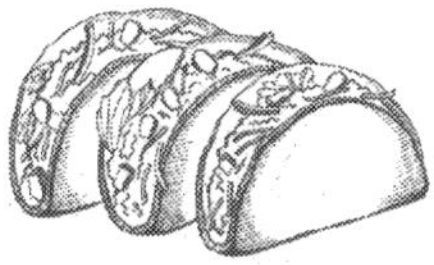

6.7 Mozzarella-Wrap

Für 2 Portionen
Zubereitungszeit:
20 Minuten
Schwierigkeitsgrad: leicht
Kalorien: 455 kcal
Nährwerte pro Portion:
Eiweiß: 40 Gramm
Fett: 31 Gramm
Kohlenhydrate: 5,5 Gramm

Zutaten:

Für die Wraps:
250 Gramm Mozzarella
2 Eier
1 Teelöffel Flohsamenmehl

Für die Füllung:
100 Gramm Eisbergsalat
100 Gramm
Parmaschinken in Scheiben
80 Gramm Kirschtomaten,
in Scheiben
2 Esslöffel rotes Pesto
2 Esslöffel Mayonnaise
Salz, Pfeffer

Zubereitung:

1. Aus Mozzarella, Eiern und Flohsamenmehl einen Teig bereiten. Teig auf ein mit Backpapier belegtes Blech streichen und im vorgeheizten Backofen bei 160 Grad Umluft 15 Minuten backen.
2. Teig mit den Zutaten für die Füllung belegen und aufrollen.

6.8 Putenbrust-Wraps

Für 2 Portionen
Zubereitungszeit: 45
Minuten
Schwierigkeitsgrad: leicht
Kalorien:156 kcal
Nährwerte pro Portion:
Eiweiß: 15,8 Gramm
Fett: 8,7 Gramm
Kohlenhydrate: 3,1 Gramm

Zutaten:

Für den Teig:
4 Eier
25 Milliliter Wasser
20 Gramm Vollkornmehl
50 Gramm Milch
1 Esslöffel Kokosöl

Für die Füllung:
100 Gramm Putenbrust, gekocht, in Scheiben
60 Gramm Kräuter-Frischkäse
2 Blätter Eisbergsalat
30 Gramm Reibekäse
1 Tomate

Zubereitung:

1. Milch, Mehl, Wasser und 2 ganze Eier in eine Schüssel geben. Die anderen Eier trennen und nur das Eiklar zu den übrigen Zutaten in die Schüssel geben. Teig bereiten.

2. Kokosöl erhitzen. Aus der Hälfte des Teiges einen Pfannkuchen von beiden Seiten jeweils 3 Minuten backen. Mit dem restlichen Teig genauso verfahren.

3. Pfannkuchen mit Frischkäse bestreichen. Restliche Zutaten darauflegen und Wraps aufrollen.

6.9 Wraps mit Feta-Füllung

Für 2 Portionen
Zubereitungszeit:
20 Minuten
Schwierigkeitsgrad: leicht
Kalorien: 305 kcal
Nährwerte pro Portion:
Eiweiß: 11,1 Gramm
Fett: 22,5 Gramm
Kohlenhydrate: 14,8 Gramm

Zutaten:

2 Tortilla-Fladen
1 grüne Chilischote
4 Eier
1 Zwiebel, gewürfelt
1 kleiner Zucchino
1 Tomate, gewürfelt
100 Gramm Feta
2 Esslöffel Sesamkörner
Kräuter der Provence
Salz, Pfeffer
2 Esslöffel Öl

Zubereitung:

1. Öl erhitzen und Zwiebel darin glasig anbraten. Zucchino in Würfel schneiden. Zusammen mit der Tomate, den Kräutern und Gewürzen zur Zwiebel geben und bissfest garen. Feta in Würfel schneiden. Sesam in einer beschichteten Pfanne anrösten.

2. Chilischote fein würfeln und mit Eiern und Salz verquirlen. Von den Eiern die Hälfte in einer geölten Pfanne braten. Fladen darauflegen und andrücken. Wenden und von der anderen Seite braten. Mit der restlichen Eimasse und dem übrigen Fladen genauso verfahren.

3. Feta, Sesam und Gemüse auf die Fladen geben und aufrollen.

7. Low Carb Salate

Egal, ob zum Mittag, Abendessen, als Pausensnack oder für deine Gäste – Salate schmecken immer. Viele Salate kommen mit wenigen Kohlenhydraten aus.

7.1 Obstsalat

Für 1 Portion
Zubereitungszeit:
15 Minuten
Schwierigkeitsgrad: leicht
Kalorien: 142 kcal
Eiweiß: 2 Gramm
Fett: 1 Gramm
Kohlenhydrate: 32 Gramm

Zutaten:

100 Gramm Galia-Melone
30 Gramm Erdbeeren
4 Aprikosen
½ Apfel
2 Esslöffel Orangensaft

Zubereitung:

1. Von den Aprikosen die Kerne entfernen, Fruchtfleisch in Stücke schneiden. Vom Apfel das Kerngehäuse entfernen, Apfel in Stücke schneiden. Melone in Stücke schneiden, Erdbeeren vierteln.

2. Alle Zutaten vermischen.

7.2 Rotkohl-Apfel-Salat

Für 1 Portion
Zubereitungszeit:
10 Minuten
Schwierigkeitsgrad: leicht
Kalorien: 276 kcal
Eiweiß: 3 Gramm
Fett: 21 Gramm
Kohlenhydrate: 18 Gramm

Zutaten:

100 Gramm Rotkohl
1 Zwiebel, gewürfelt
½ Apfel
3 Radieschen
3 Stängel Koriander
2 Esslöffel Olivenöl
1 Teelöffel Sesam
3 Teelöffel Erythrit
1 Spritzer Limettensaft
Salz

Zubereitung:

1. Rotkohl in feine Streifen schneiden. Radieschen in dünne Scheiben schneiden. Vom Apfel das Kerngehäuse entfernen, Apfel in Scheiben schneiden. Vom Koriander die Blätter abzupfen.

2. Rotkohl mit Apfel, Zwiebel und Radieschen anrichten.

3. Aus Olivenöl, Limettensaft, Erythrit und Salz ein Dressing bereiten und über den Salat geben. Korianderblätter und Sesam über den Salat streuen.

7.3 Tomatensalat mit Kräutern

Für 1 Portion
Zubereitungszeit:
10 Minuten
Schwierigkeitsgrad: leicht
Kalorien: 68 kcal
Eiweiß: 2 Gramm
Fett: -
Kohlenhydrate: 13 Gramm

Zutaten:

200 Gramm Tomaten
Einige Stängel Basilikum
Einige Stängel Petersilie
2 Esslöffel Balsamico-Essig
Salz, Pfeffer

Zubereitung:

1. Tomaten in Scheiben schneiden. Kräuter hacken. Tomaten mit Salz und Pfeffer würzen.
2. Balsamico-Essig darüber träufeln, mit Kräutern bestreuen.

7.4 Eier-Avocado-Salat

Für 2 Portionen
Zubereitungszeit:
25 Minuten
Schwierigkeitsgrad: leicht
Kalorien: 749 kcal
Nährwerte pro Portion:
Eiweiß: 57 Gramm
Fett: 56 Gramm
Kohlenhydrate: 3 Gramm

Zutaten:

300 Gramm Hähnchenbrustfilet
6 Eier
1 Avocado
60 Gramm Mayonnaise
100 Gramm Basilikum
Salz, Pfeffer

Zubereitung:

1. Hähnchenfleisch in Stücke schneiden und in Salzwasser etwa 15 Minuten garen. Fleisch abgießen. Eier hart kochen, abschrecken, pellen und in Stücke schneiden.

2. Fruchtfleisch der Avocado lösen und in Würfel schneiden. Basilikum hacken. Alle Zutaten gut vermischen.

7.5 Rosenkohlsalat mit Mandeln

Für 1 Portion
Zubereitungszeit:
20 Minuten
Schwierigkeitsgrad: leicht
Kalorien: 687 kcal
Eiweiß: 27 Gramm
Fett: 58 Gramm
Kohlenhydrate: 10 Gramm

Zutaten:

200 Gramm Rosenkohl
50 Gramm Wirsingkohl
2 Esslöffel Butter
30 Gramm Mandeln
30 Gramm Parmesan
Salz, Pfeffer

Zubereitung:

1. Rosenkohl putzen und in wenig Wasser 7 Minuten garen. Herausnehmen, abkühlen lassen und in Stücke schneiden.

2. Wirsingkohl kurz weich dämpfen und in dünne Streifen schneiden. Butter erhitzen und Rosenkohl darin anbraten. Mandeln hacken. Alle Zutaten gut vermischen.

7.6 Salat mit Feigen und Kiwi

Für 1 Portion
Zubereitungszeit:
5 Minuten
Schwierigkeitsgrad: leicht
Kalorien: 129 kcal
Eiweiß: 3 Gramm
Fett: 1 Gramm
Kohlenhydrate: 25 Gramm

Zutaten:

50 Gramm Salat
1 Kiwi
1 Feige
25 Gramm Granatapfelkerne
20 Gramm Weintrauben
2 Teelöffel Erythrit

Zubereitung:

1. Salatblätter kleinschneiden. Kiwi schälen, in dünne Scheiben schneiden. Feige in Stücke schneiden.
2. Alle Zutaten gut mischen.

7.7 Caprese-Salat mit Parmaschinken

Für 2 Portionen
Zubereitungszeit: 10 Minuten
Schwierigkeitsgrad: leicht
Kalorien: 413 kcal
Nährwerte pro Portion:
Eiweiß: 30,7 Gramm
Fett: 29,8 Gramm
Kohlenhydrate: 4,9 Gramm

Zutaten:

100 Gramm Parmaschinken in Scheiben
1 Stück Mozzarella
2 Tomaten
Einige Stängel Basilikum
2 Handvoll Rucola
30 Gramm Parmesan
1 Esslöffel Olivenöl
Balsamico-Essig
Salz, Pfeffer

Zubereitung:

1. Tomaten in Scheiben schneiden. Vom Rucola die Stiele entfernen. Blätter vom Basilikum abzupfen. Mozzarella in Scheiben schneiden. Aus dem Schinken größere Stücke schneiden.
2. Auf zwei Tellern Schinken, Tomaten, Mozzarella und Rucola anrichten. Parmesan darüber reiben. Salz, Pfeffer, Olivenöl und Balsamico-Essig über den Salat geben.

7.8 Melonensalat mit Schinken

Für 2 Portionen
Zubereitungszeit:
10 Minuten
Schwierigkeitsgrad: leicht
Kalorien: 178 kcal
Nährwerte pro Portion:
Eiweiß: 18,4 Gramm
Fett. 6,9 Gramm
Kohlenhydrate: 9,1 Gramm

Zutaten:

1 Cantaloupe-Melone
4 Scheiben Kochschinken
4 kleine Mozzarella-Kugeln
2 Stiele Petersilie
2 Stiele Basilikum
2 Stiele Minze

Zubereitung:

1. Melone halbieren, Kerne entfernen und mit dem Kugelausstecher Kugeln stechen. Kräuter hacken. Melone mit Kräutern mischen und in zwei Schüsseln verteilen.

2. Mit Mozzarella und Schinken anrichten.

7.9 Rucola-Salat mit Tomaten

Für 1 Portion
Zubereitungszeit:
10 Minuten
Schwierigkeitsgrad: leicht
Kalorien: 216 kcal
Eiweiß: 14,5 Gramm
Fett: 15,7 Gramm
Kohlenhydrate: 5,4 Gramm

Zutaten:

1 rote Tomate
1 gelbe Tomate
50 Gramm Rucola
60 Gramm Mozzarella
1 Teelöffel Sesam, geröstet
1 Esslöffel Balsamico-Essig

Zubereitung:

1. Tomaten in Scheiben schneiden. Vom Rucola die Stiele entfernen. Mozzarella in Scheiben schneiden. Tomaten mit Mozzarella und Rucola anrichten.

2. Mit Sesam bestreuen und Balsamico-Essig darüber träufeln.

7.10 Spinat-Salat mit Erdbeeren

Für 2 Portionen
Zubereitungszeit:
10 Minuten
Schwierigkeitsgrad: leicht
Kalorien: 108 kcal
Nährwerte pro Portion:
Eiweiß: 3,8 Gramm
Fett: 6,7 Gramm
Kohlenhydrate: 5 Gramm

Zutaten:

200 Gramm Spinat
½ Avocado
4 große Erdbeeren
2 Teelöffel schwarzer Sesam
2 Esslöffel Balsamico-Essig
Salz, Pfeffer

Zubereitung:

1. Stiele vom Spinat entfernen. Fruchtfleisch der Avocado lösen und in Scheiben schneiden. Erdbeeren vierteln.
2. Spinatblätter mit Avocado und Erdbeeren anrichten. Würzen, Sesam darüber streuen, mit Balsamico-Essig beträufeln.

8. Laktosefreie Low Carb Rezepte

Leidest du an einer Laktose-Intoleranz, kannst du mit der Low Carb Diät abnehmen. Viele Rezepte sind frei von Milchprodukten oder können mit laktosefreien Milchprodukten zubereitet werden.

8.1 Blumenkohl mit Spiegelei und Bacon

Für 1 Portion
Zubereitungszeit:
25 Minuten
Schwierigkeitsgrad: leicht
Kalorien: 440 kcal
Eiweiß: 16,3 Gramm
Fett: 38,7 Gramm
Kohlenhydrate: 7,7 Gramm

Zutaten:

120 Gramm Blumenkohl
4 Scheiben Bacon
25 Gramm Kokosöl
3 Tropfen Tabasco-Sauce
1 Ei
2 Messerspitzen Pfeffer
½ grüne Paprikaschote
1 kleine Zwiebel, gewürfelt
1 Messerspitze
Paprikapulver edelsüß
Salz

Zubereitung:

1. Blumenkohl mit der Küchenmaschine sehr fein zerkleinern. Paprikaschote in Stücke schneiden. Bacon in Stücke schneiden.

2. Kokosöl in zwei Pfannen erhitzen. In einer Pfanne die Zwiebel anbraten. Paprika und Bacon dazugeben und anbraten. Blumenkohl dazugeben. Tabascosauce und Gewürze unterrühren.

3. In der zweiten Pfanne das Spiegelei bis zur gewünschten Konsistenz braten und würzen. Mit dem Gemüse servieren.

8.2 Basilikum-Pesto-Spaghetti

Für 1 Portion
Zubereitungszeit:
20 Minuten
Schwierigkeitsgrad: leicht
Kalorien: 582 kcal
Eiweiß: 13,6 Gramm
Fett: 54,2 Gramm
Kohlenhydrate: 9,0 Gramm

Zutaten:

50 Gramm Garnelen
1 kleiner Zucchino
10 Gramm Butter
2 Knoblauchzehen, gewürfelt
2 Esslöffel Basilikumpesto
1 Messerspitze Chiliflocken
2 Esslöffel Olivenöl

Zubereitung:

1. Vom Zucchino die Enden abschneiden und mit dem Spiralschneider Spaghetti schneiden.

2. Öl und Butter erhitzen, Knoblauch und Chiliflocken darin anbraten. Garnelen dazugeben und braten.

3. Pesto und Zucchini-Spaghetti in die Pfanne geben und kurz braten.

8.3 Avocadopfanne mit Schweinefilet

Für 1 Portion
Zubereitungszeit:
25 Minuten
Schwierigkeitsgrad: leicht

Kalorien: 765 kcal
Eiweiß: 43,1 Gramm
Fett: 65,5 Gramm
Kohlenhydrate: 5,9 Gramm

Zutaten:

180 Gramm Schweinefilet
5 Esslöffel Olivenöl
5 Rispentomaten
½ Avocado
1 kleine Zwiebel, gewürfelt
2 Esslöffel Petersilie, gehackt
2 Messerspitzen Pfeffer
½ Esslöffel Essig
1 Prise Salz

Zubereitung:

1. Tomaten halbieren. Fruchtfleisch der Avocado lösen und würfeln. Schweinefilet in Stücke schneiden.

2. Olivenöl erhitzen, Schweinefilet darin anbraten. Filet aus der Pfanne nehmen. Zwiebeln und Tomaten in die Pfanne geben und anbraten.

3. Avocado und Filet in die Pfanne geben, kurz anbraten und würzen. Olivenöl und Essig unterrühren.

8.4 Auberginen-lasagne

Für 2 Portionen
Zubereitungszeit:
70 Minuten
Schwierigkeitsgrad: mittel
Kalorien: 624 kcal
Nährwerte pro Portion:
Eiweiß: 23,4 Gramm
Fett: 51,1 Gramm
Kohlenhydrate: 22,3 Gramm

Zutaten:

500 Gramm Dosentomaten (oder frische blanchierte Tomaten)
2 mittelgroße Auberginen
75 Gramm Kokosöl
2 Eier
2 Teelöffel Salz
4 Esslöffel Basilikum
50 Gramm Parmesan, gerieben
1 große Zwiebel, gewürfelt
1 Knoblauchzehe, gewürfelt
½ Teelöffel Oregano
½ Teelöffel Thymian
½ Teelöffel Rosmarin
1 Messerspitze Pfeffer

Zubereitung:

1. Auberginen in Scheiben schneiden, salzen und 20 Minuten ziehen lassen.

2. Hälfte des Kokosöls erhitzen, Zwiebel und Knoblauch darin anbraten. Tomaten, Kräuter und Gewürze dazugeben, 20 Minuten köcheln lassen.

3.Auberginen abtupfen. Ei mit Parmesan verquirlen und Auberginenscheiben darin wenden. Restliches Kokosöl erhitzen. Auberginen von beiden Seiten darin braun braten. Auberginen mit Tomaten servieren.

8.5 Lachs in Sesamkruste

Für 2 Portionen
Zubereitungszeit:
35 Minuten
Schwierigkeitsgrad: mittel
Kalorien: 793 kcal
Nährwerte pro Portion:
Eiweiß: 41,3 Gramm
Fett: 67,6 Gramm
Kohlenhydrate: 7,5 Gramm

Zutaten:

2 Lachsfilets
3 Esslöffel zuckerfreie Sojasauce
4 Gramm Sesam
4 Esslöffel Olivenöl
2 Teelöffel Senf
Salz, Pfeffer

Zubereitung:

1. Sojasauce mit Salz, Pfeffer, Senf und Olivenöl mischen. Lachs in der Marinade und anschließend im Sesam wenden.

2. Lachs auf ein mit Backpapier belegtes Blech legen und bei 180 Grad Umluft 25 Minuten backen.

8.6 Cantaloupe-Melone mit Parmaschinken

Für 2 Portionen
Zubereitungszeit:
5 Minuten
Schwierigkeitsgrad: leicht
Kalorien: 57 kcal
Nährwerte pro Portion:
Eiweiß: 4,5 Gramm
Fett: 2,3 Gramm
Kohlenhydrate: 4,3 Gramm

Zutaten:

200 Gramm Cantaloupe-Melone
2 Scheiben Parmaschinken

Zubereitung:

1. Melone halbieren, Kerne entfernen. Aus der Melone 4 Schiffchen schneiden.

2. Schinkenscheiben längs halbieren und jedes Schiffchen mit einer Schinkenscheibe umwickeln.

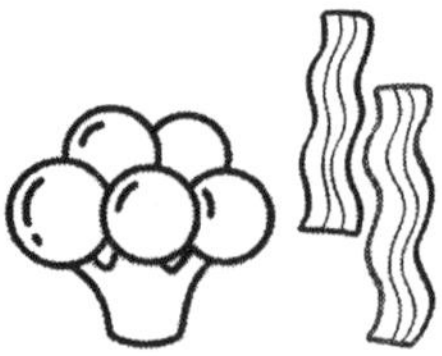

8.7 Bratkohl mit Speck

Für 2 Portionen
Zubereitungszeit:
30 Minuten
Schwierigkeitsgrad: mittel
Kalorien: 427 kcal
Nährwerte pro Portion:
Eiweiß: 23,6 Gramm
Fett: 30,5 Gramm
Kohlenhydrate: 10,6 Gramm

Zutaten:

500 Gramm Blumenkohl
80 Gramm Schinkenspeck, gewürfelt
2 Eier
30 Gramm Butter
2 Esslöffel Schnittlauch, gehackt
2 Teelöffel Salz
1 große Zwiebel, gewürfelt
1 Messerspitze Chiliflocken
1 Messerspitze Pfeffer

Zubereitung:

1. Blumenkohl in Röschen teilen und im kochenden Salzwasser 10 Minuten garen.

2. Butter erhitzen und Zwiebel darin anbraten. Speck dazugeben und rösten. Blumenkohl dazugeben, würzen und anbraten.

3. Ei verquirlen, unter den Blumenkohl rühren, stocken lassen.

Mit Schnittlauch bestreuen.

8.8 Auberginen-Tomaten-Bruschetta

Für 2 Portionen
Zubereitungszeit:
35 Minuten
Schwierigkeitsgrad: leicht
Kalorien: 371 kcal
Nährwerte pro Portion:
Eiweiß: 2,9 Gramm
Fett: 36,8 Gramm
Kohlenhydrate: 7,5 Gramm

Zutaten:

1 mittelgroße Aubergine
8 Rispentomaten
10 Esslöffel Olivenöl
1 Knoblauchzehe, gewürfelt
2 Esslöffel Basilikum
½ kleine Zwiebel, gewürfelt
½ Esslöffel Essig
Salz, Pfeffer

Zubereitung:

1. Aubergine in Scheiben schneiden und von beiden Seiten mit Öl bestreichen. Auberginen 10 Minuten im Ofen backen, wenden und weitere 10 Minuten backen.

2. Tomaten in kleine Stücke schneiden, Basilikum hacken. Tomaten mit Zwiebeln, Knoblauch, Olivenöl, Essig, Salz und Pfeffer mischen und auf die Auberginenscheiben geben.

8.9 Champignon-Tomaten-Gemüse

Für 1 Portion

Zubereitungszeit:
25 Minuten
Schwierigkeitsgrad: leicht
Kalorien: 366 kcal
Eiweiß: 6,5 Gramm
Fett: 53,6 Gramm
Kohlenhydrate: 7,3 Gramm

Zutaten:

150 Gramm Champignons
60 Gramm getrocknete Tomaten
60 Gramm Artischockenherzen im Glas
3 Esslöffel Olivenöl
1 Messerspitze Rosmarin, gemahlen
Salz, Pfeffer

Zubereitung:

1. Champignons in Scheiben schneiden. Champignons, Artischockenherzen und Tomaten in eine Auflaufform geben. Von den getrockneten Tomaten drei Esslöffel Öl dazugeben.

2. Würzen und bei 180 Grad Ober- und Unterhitze 20 Minuten backen.

9. Low Carb Rezepte für Huhn & Pute

Huhn und Pute sind leicht, lecker und kalorienarm. Für die Low Carb Ernährung sind sie perfekt geeignet.

9.1 Grillspieße mit Gemüse und Hähnchenbrust

Für 4 Portionen
Zubereitungszeit:
45 Minuten
Schwierigkeitsgrad: leicht
Kalorien: 425 kcal
Nährwerte pro Portion:
Eiweiß: 30 Gramm
Fett: 28 Gramm
Kohlenhydrate: 11 Gramm

Zutaten:

300 Gramm Hähnchenbrustfilet
300 Gramm Zucchini
300 Gramm Paprikaschoten
300 Gramm Tomaten
200 Gramm Bacon, in Streifen geschnitten
100 Gramm Champignons
2 Zwiebeln
4 Thymianzweige
2 Rosmarinzweige
6 Esslöffel Olivenöl
Salz, Pfeffer

Zubereitung:

1. Fleisch in Würfel, Zwiebel, Zucchini und Paprikaschoten in Stücke schneiden. Champignons putzen und das Stielende abschneiden. Bacon zusammenrollen. Von den Kräutern die Blätter abzupfen und hacken.
2. Alle Zutaten abwechselnd auf Spieße stecken. Spieße mit Öl beträufeln, Kräuter darüber streuen, würzen und von allen Seiten grillen.

9.2 Hähnchenbrust und grüne Bohnen

Für 1 Portion
Zubereitungszeit:
20 Minuten
Schwierigkeitsgrad: leicht
Kalorien: 416 kcal
Eiweiß: 49 Gramm
Fett: 20 Gramm
Kohlenhydrate: 6 Gramm

Zutaten:

200 Gramm Hähnchenbrustfilet
200 Gramm grüne Bohnen
1 Zitrone
2 Esslöffel Olivenöl
Salz, Pfeffer

Zubereitung:

1. Bohnen putzen und ca. 10 Minuten garen. Hähnchenbrust in der geölten Grillpfanne auf jeder Seite 5 Minuten braten.
2. Von der Zitrone die Schale abreiben. Bohnen mit Zitronenabrieb, Salz und Pfeffer würzen. Fleisch würzen. Zitrone pressen und nach Belieben das Fleisch damit beträufeln.

9.3 Gegrillte Hähnchenbrust

Für 4 Portionen
Zubereitungszeit:
30 Minuten
Schwierigkeitsgrad: leicht
Kalorien: 283 kcal
Nährwerte pro Portion:
Eiweiß: 46 Gramm
Fett: 11 Gramm
Kohlenhydrate: -

Zutaten:

4 Hähnchenbrustfilets, je 200 Gramm
1 Knoblauchknolle
1 Zitrone
3 Dillblüten
5 Thymianzweige
2 Rosmarinzweige
4 Esslöffel Olivenöl
Salz, Pfeffer

Zubereitung:

1. Zitrone auspressen. Von den Kräutern die Blätter abzupfen.

2. Aus Zitronensaft, Kräutern, Öl, Salz und Pfeffer eine Marinade bereiten und das Fleisch marinieren. Knoblauchknolle quer durchschneiden.

3. Mariniertes Fleisch und Knoblauchknolle in die erhitzte Grillpfanne legen und restliche Marinade über das Fleisch geben. Fleisch von beiden Seiten braten.

9.4 Hähnchenbrust mit Avocado

Für 2 Portionen
Zubereitungszeit:
25 Minuten
Schwierigkeitsgrad: leicht
Kalorien: 839 kcal
Nährwerte pro Portion:
Eiweiß: 80 Gramm
Fett: 53 Gramm
Kohlenhydrate: 10 Gramm

Zutaten:

2 Hähnchenbrustfilets je 250 Gramm
1 Avocado
200 Gramm gemischter Salat
50 Gramm getrocknete Tomaten
10 Kirschtomaten
100 Gramm Feta
50 Gramm Parmesan
½ Bund Basilikum
½ Bund Petersilie
2 Esslöffel Olivenöl
Salz, Pfeffer

Zubereitung:

1. Fleisch in Streifen schneiden. Tomaten halbieren. Von den Kräutern die Blätter abzupfen und hacken. Fruchtfleisch der Avocado lösen und in Scheiben schneiden.

2. Salat anrichten. Feta zerbröseln und darüber streuen. Avocado und Tomaten mit dem Salat anrichten. Parmesan reiben, mit Kräutern

mischen und über den Salat geben. Salat salzen und pfeffern.

3. Öl erhitzen und Hähnchenbrustfilets von beiden Seiten braten. Würzen und mit dem Salat servieren.

9.5 Hähnchencurry mit grünen Bohnen

Für 4 Portionen
Zubereitungszeit:
45 Minuten
Schwierigkeitsgrad: leicht
Kalorien: 392 kcal
Nährwerte pro Portion:
Eiweiß: 33 Gramm
Fett: 24 Gramm
Kohlenhydrate: 8 Gramm

Zutaten:

500 Gramm Hähnchenbrustfilet
400 Milliliter Kokosmilch
500 Gramm grüne Bohnen
2 Frühlingszwiebeln, in Ringen
2 Zwiebeln, gewürfelt
3 Knoblauchzehen, gewürfelt
2 Teelöffel Currypaste
2 Esslöffel Olivenöl
Saft einer Limette
Einige Stiele Petersilie
Salz, Pfeffer

Zubereitung:

1. Fleisch in Stücke schneiden. Bohnen putzen, in Stücke schneiden, ca. 10 Minuten garen. Petersilie hacken.

2. Öl erhitzen. Fleisch und Zwiebeln darin anbraten. Currypaste dazugeben und mitbraten. Knoblauch und Kokosmilch dazugeben. Alles köcheln lassen.

3. Bohnen abgießen und zum Fleisch geben. Limettensaft und Gewürze unterrühren. Petersilie und Frühlingszwiebeln darüber geben.

9.6 Puten-Kebab-Spieße

Für 2 Portionen
Zubereitungszeit: 20 Minuten
Schwierigkeitsgrad: mittel
Kalorien: 335 kcal
Nährwerte pro Portion:
Eiweiß: 61 Gramm
Fett: 9,2 Gramm
Kohlenhydrate: 1,7 Gramm

Zutaten:

500 Gramm Putenbrust
125 Gramm Blattsalat-Mix
1 Esslöffel körniger Senf
1 Esslöffel Kebab-Gewürz
1 Esslöffel Öl
Salz

Zubereitung:

1. Putenbrust in Würfel schneiden und mit Senf, Kebab-Gewürz, Salz und Öl marinieren. Mindestens eine Stunde im Kühlschrank ruhen lassen.

2. Fleischwürfel auf Holzspieße stecken und von allen Seiten braten. Fleischspieße mit Salat anrichten.

9.7 Putenfilet mit Tomaten und Bohnen

Für 2 Portionen
Zubereitungszeit: 50 Minuten
Schwierigkeitsgrad: leicht
Kalorien: 411 kcal
Nährwerte pro Portion:
Eiweiß: 31,6 Gramm
Fett: 24,8 Gramm
Kohlenhydrate: 12,2 Gramm

Zutaten:

Für das Fleisch:
2 Putenfilets
1 Knoblauchzehe, gepresst
½ Bund Rosmarin
½ Bund Thymian
Salz, Pfeffer
1 Esslöffel Öl

Für die Bohnen:
200 Gramm grüne Bohnen
1 Esslöffel Zitronensaft
1 Esslöffel Butter
1 Teelöffel Erythrit

Für die Salsa:
1 Tomate
1 gelbe Paprikaschote
1 kleine Zwiebel, gewürfelt
2 Knoblauchzehen, gewürfelt
1 Chilischote, in Ringe
Saft einer halben Limette
Einige Stängel Petersilie
2 Esslöffel Öl
Salz, Pfeffer

Zubereitung:

1. Fleisch zwischen Klarsichtfolie plattieren. Öl erhitzen. Kräuter hacken.

2. Aus Kräutern, Knoblauch, Öl, Salz und Pfeffer eine Marinade bereiten. Fleisch darin marinieren und 30 Minuten ziehen lassen.

3. Tomaten und Paprikaschote würfeln, Petersilie hacken. Alle Zutaten für die Salsa vermengen.

4. Bohnen putzen, 15 Minuten garen. Butter bräunen und Bohnen darin anbraten. Mit Zitronensaft und Erythrit abschmecken.

5. Fleisch in der Grillpfanne von jeder Seite 4 Minuten grillen.

9.8 Putenröllchen mit Rote-Bete-Blatt-Salat

Für 4 Portionen
Zubereitungszeit:
40 Minuten
Schwierigkeitsgrad: leicht
Kalorien: 264 kcal
Nährwerte pro Portion:
Eiweiß: 42,5 Gramm
Fett: 7,8 Gramm
Kohlenhydrate: 5,1 Gramm

Zutaten:

Für den Salat:
200 Gramm Rote-Bete-Blätter
Balsamico-Essig

Für das Fleisch:

4 Putensteaks
500 Gramm Spinat
100 Gramm Frischkäse
2 Zwiebeln, gewürfelt
2 Knoblauchzehen, gewürfelt
1 Zitrone
2 Esslöffel Öl
Salz, Pfeffer

Zubereitung:

1. Blätter waschen, blanchieren und mit Balsamico-Essig vermengen.

Von der Zitrone die Schale abreiben, Saft auspressen.

2. Öl erhitzen. Knoblauch und Zwiebeln darin anbraten. Spinat dazugeben und mitbraten. Zitronenabrieb und 2 Esslöffel Zitronensaft dazugeben und kurze Zeit köcheln lassen.

3. Putensteaks plattieren, mit Frischkäse bestreichen, restlichen Zitronensaft darüber träufeln, salzen und pfeffern. Spinat auf die Putensteaks geben. Putensteaks zusammenrollen. Öl erhitzen und Putensteaks darin anbraten.

4. Putensteaks anschließend im vorgeheizten Backofen bei 140 Grad Umluft auf einem Backblech 10 Minuten backen. Zum Auffangen des Bratensaftes ein Backblech unterschieben. Putenröllchen mit dem Salat anrichten.

9.9 Putenspieße mit Dip

Für 2 Portionen
Zubereitungszeit: 20 Minuten
Schwierigkeitsgrad: leicht
Kalorien: 520 kcal
Nährwerte pro Portion:
Eiweiß: 46,9 Gramm
Fett: 36,9 Gramm
Kohlenhydrate: 1,2 Gramm

Zutaten:

Für die Spieße:
400 Gramm Putenbrust
1 Esslöffel Öl
2 Teelöffel Ras el Hanout
Salz, Pfeffer

Für den Dip:
30 Gramm Schmand
60 Gramm Mayonnaise
1 Teelöffel Limettensaft
2 Knoblauchzehen, gewürfelt
Salz, Pfeffer

Zubereitung:

1. Fleisch in Würfel schneiden, würzen und auf die Spieße stecken. Öl erhitzen und Fleischspieße von allen Seiten braten.
2. Zutaten für den Dip vermischen. Putenspieße mit dem Dip servieren.

10. Low Carb Rezepte für Fisch

Fisch ist nicht nur lecker, sondern auch sehr gesund, da er reich an ungesättigten Fettsäuren ist.

10.1 Lachsfilet mit Mandelkruste und Erbsen-Pastinaken-Püree

Für 2 Portionen
Zubereitungszeit: 45 Minuten
Schwierigkeitsgrad: mittel
Kalorien: 849 kcal
Nährwerte pro Portion:
Eiweiß: 48 Gramm
Fett: 58 Gramm
Kohlenhydrate: 28 Gramm

Zutaten:

Für den Fisch:
2 Lachsfilets
1 Zitrone
50 Gramm Mandelblättchen
2 Zweige Dill
1 Esslöffel Öl

Für das Püree:
300 Gramm Pastinaken
50 Gramm Kartoffeln
60 Gramm Tiefkühl-Erbsen, aufgetaut
50 Milliliter Schlagsahne
50 Milliliter Milch
Muskat
Salz, Pfeffer

Zubereitung:

1. Öl erhitzen und Lachsfilet darin anbraten. Dill hacken. Lachsfilet in eine feuerfeste Form geben. Zitrone auspressen und die Filets mit dem Saft beträufeln. Mandelblättchen, Dill und etwas Öl vermischen und über die Filets streichen.

2. Filets salzen, pfeffern und im vorgeheizten Ofen bei 160 Grad Umluft 20 Minuten garen.

3. Pastinaken und Kartoffeln schälen, würfeln und in Salzwasser 15 Minuten kochen. Erbsen kurz vor dem Ende der Garzeit dazugeben. Gemüse abgießen und ausdämpfen lassen.

4. Sahne und Milch zum Gemüse geben und alles pürieren. Salz und geriebene Muskatnuss darüber streuen. Fisch mit dem Püree servieren.

10.2 Gegrillter Lachs mit Kürbis und Bohnen

Für 2 Portionen
Zubereitungszeit:
20 Minuten
Schwierigkeitsgrad: leicht
Kalorien: 623 kcal
Nährwerte pro Portion:
Eiweiß: 40 Gramm
Fett: 45 Gramm
Kohlenhydrate: 13 Gramm

Zutaten:

2 Lachsfilets
200 Gramm grüne Bohnen
150 Gramm Butternuss-Kürbis
1 Zitrone
3 Esslöffel Öl
Salz, Pfeffer

Zubereitung:

1. Kürbis halbieren, entkernen, schälen und in 2 cm dicke Scheiben schneiden. Bohnen putzen und 10 Minuten kochen.

2. Öl über Lachs und Kürbis streichen, beides auf jeder Seite 3 Minuten grillen.

3. Zitronenschale abreiben. Saft mit der Hand über die Lachsfilets pressen. Zitronenabrieb über die Filets geben. Fisch, Kürbis und Bohnen anrichten.

10.3 Zanderfilet mit Gemüse

Für 2 Portionen
Zubereitungszeit: 30 Minuten
Schwierigkeitsgrad: leicht
Kalorien: 570 kcal
Nährwerte pro Portion:
Eiweiß: 43 Gramm
Fett: 29 Gramm
Kohlenhydrate: 32 Gramm

Zutaten:

2 Zanderfilets mit Haut
1 gelbe Paprikaschote
1 rote Paprikaschote
100 Gramm Brokkoli
60 Gramm Konjak-Reis oder Shirataki-Reis
½ Bund Dill
1 Zwiebel, gewürfelt
2 Esslöffel Butter
2 Esslöffel Öl
Salz, Pfeffer

Zubereitung:

1. Fischfilet auf der Hautseite mehrmals einritzen. Reis nach Packungsanleitung kochen. Brokkoli in Röschen teilen, Paprikaschoten in Streifen schneiden. Zitrone in Scheiben schneiden, Dill hacken.

2. Jeweils 1 Esslöffel Butter und Öl erhitzen und Fisch darin auf der Hautseite 5 Minuten braten. Fisch mit der Hautseite nach oben in eine feuerfeste Form legen und im vorgeheizten Backofen bei 160 Grad Umluft 10 Minuten backen.

3. Restliches Öl erhitzen, Zwiebel und Gemüse darin braten. Mit Salz und Pfeffer würzen und die Butter dazugeben.

4. Reis mit Dill vermischen und mit Gemüse und Fisch anrichten. Dazu die Zitrone servieren.

10.4 Kabeljau mit Kruste

Für 2 Portionen
Zubereitungszeit:
20 Minuten
Schwierigkeitsgrad: leicht
Kalorien: 648 kcal
Nährwerte pro Portion:
Eiweiß: 49 Gramm
Fett: 45 Gramm
Kohlenhydrate: 9 Gramm

Zutaten:

2 Kabeljaufilets
300 Gramm Brokkoli
50 Gramm Parmesan, gerieben
50 Gramm gemahlene Mandeln
50 Gramm Kokosraspeln
Saft einer Limette
2 Knoblauchzehen, gewürfelt
1 Eigelb
5 Thymianzweige
2 Esslöffel Kokosöl
Salz, Pfeffer

Zubereitung:

1. Kokosraspeln, Mandeln, Knoblauch und Eigelb mischen. Thymian hacken und zusammen mit dem Parmesan, Salz und Pfeffer unter die Kokosmischung rühren.

2. Kokosöl erhitzen und Fischfilet auf jeder Seite darin anbraten. Fisch in eine Auflaufform legen. Limettensaft darüber geben. Kokosmischung über die Filets geben und bei 160 Grad Umluft im vorgeheizten Backofen bei

Ober- und Unterhitze 15 Minuten backen.

3. Brokkoli in Röschen teilen und 8 Minuten garen. Zusammen mit dem Fisch servieren.

10.5 Thunfisch mit Kräuterkruste

Für 2 Portionen
Zubereitungszeit:
30 Minuten
Schwierigkeitsgrad: leicht
Kalorien: 372 kcal
Nährwerte pro Portion:
Eiweiß: 44 Gramm
Fett: 22 Gramm
Kohlenhydrate: 1 Gramm

Zutaten:

2 Thunfischsteaks
1 Zitrone
2 Esslöffel Öl

Für die Kruste:

2 Thymianzweige
2 Rosmarinzweige
1 Knoblauchzehe, gewürfelt
1 Chilischote, gehackt
1 Esslöffel Rosa Beeren (Gewürz)
2 Esslöffel Öl
1 Teelöffel Zitronenabrieb
Salz

Zubereitung:

1. Rosmarin und Thymian hacken und zusammen mit Chilischote, Rosa Beeren, Knoblauch, Salz und Pfeffer im Mörser zerstoßen. Mit dem Öl mischen.

2. Öl erhitzen, Fisch von beiden Seiten anbraten. Kräutermischung über den Fisch geben. Fisch in eine Auflaufform geben und im vorgeheizten Backofen bei 120 Grad Umluft 10 Minuten backen.

10.6 Mediterrane Fischpfanne

Für 4 Portionen
Zubereitungszeit:
45 Minuten
Schwierigkeitsgrad: leicht
Kalorien: 404 kcal
Nährwerte pro Portion:
Eiweiß: 48 Gramm
Fett: 16 Gramm
Kohlenhydrate: 7 Gramm

Zutaten:

500 Gramm Kabeljaufilet
500 Gramm Lachsfilet
500 Gramm Tomaten
2 Zwiebeln, gewürfelt
3 Knoblauchzehen, gewürfelt
250 Milliliter Passata
200 Gramm schwarze Oliven ohne Stein
3 Rosmarinzweigel
3 Esslöffel Öl
Muskat
Salz, Pfeffer

Zubereitung:

1. Fischfilet in Stücke schneiden. Tomaten würfeln. Schale von der Zitrone abreiben. Von der Zitrone eine Hälfte in Scheiben schneiden, die andere Hälfte auspressen.
2. Öl erhitzen. Fisch und Zwiebeln darin anbraten. Tomaten und Knoblauch dazugeben und mitbraten. Passata, Rosmarin und Zitronenscheiben dazugeben und 15 Minuten köcheln lassen. Oliven, Zitronensaft, Zitronenschale und Gewürze unterrühren.

10.7 Fisch in Tomatensauce

Für 4 Portionen
Zubereitungszeit:
45 Minuten
Schwierigkeitsgrad: leicht
Kalorien: 149,3 kcal
Nährwerte pro Portion:
Eiweiß: 19,5 Gramm
Fett: 3,8 Gramm
Kohlenhydrate: 5,8 Gramm

Zutaten:

400 Gramm Rotbarschfilet
400 Gramm Seelachsfilet
2 rote Paprikaschoten
2 Tomaten
2 Zwiebeln, gewürfelt
1 Knoblauchzehe, gewürfelt
2 Frühlingszwiebeln, in Ringen
3 cm Ingwerwurzel, gerieben
1 Dose Tomaten, 400 Gramm
200 Milliliter Fischfond
100 Milliliter Weißwein
1 Zitrone
4 Basilikumzweige
4 Oregano-Zweige
2 Teelöffel Honig
2 Esslöffel Öl
Salz, Pfeffer

Zubereitung:

1. Tomaten und Paprika in Stücke schneiden. Öl erhitzen und Zwiebeln und Knoblauch darin anbraten. Paprika und Tomaten dazugeben und mitbraten. Mit Wein ablöschen. Tomaten aus der Dose, Fischfond, Salz und Pfeffer unterrühren und 10 Minuten köcheln lassen.

2. Fisch in Stücke schneiden, salzen und pfeffern. Zitrone auspressen. Ingwer, Honig, Zitronensaft, Salz und Pfeffer in die Sauce rühren. Fisch dazugeben und auf jeder Seite 5 Minuten garen.

3. Kräuter hacken und mit den Frühlingszwiebeln über die Sauce streuen.

10.8 Gegrillte Dorade

Für 2 Portionen
Zubereitungszeit: 50 Minuten
Schwierigkeitsgrad: leicht
Kalorien: 351 kcal
Nährwerte pro Portion:
Eiweiß: 31 Gramm
Fett: 18 Gramm
Kohlenhydrate: 17 Gramm

Zutaten:

2 küchenfertige Doraden
4 Feigen
2 unbehandelte Zitronen
2 Knoblauchzehen, in Scheiben
1 Bund Zitronenthymian
½ Bund Dill
2 Teelöffel Butter
2 Teelöffel Honig
Salz, bunter Pfeffer

Zubereitung:

1. Zitronen in Scheiben schneiden. Fische mit Butter, einigen Zitronenscheiben, Knoblauch und Kräutern füllen. Haut der Fische mehrmals einschneiden und Zitronenscheiben hineinstecken. Fisch im Fischgriller grillen.

2. Feigen kurz mitgrillen, dann mit Honig beträufeln und mit dem Fisch servieren.

10.9 Gebratene Forelle

Für 2 Portionen
Zubereitungszeit: 30 Minuten
Schwierigkeitsgrad: leicht
Kalorien: 610 kcal
Nährwerte pro Portion:
Eiweiß: 40,4 Gramm
Fett: 47 Gramm
Kohlenhydrate: 0,3 Gramm

Zutaten:

2 Forellen
2 unbehandelte Zitronen
5 Knoblauchzehen, gewürfelt
100 Gramm Butter
3 Thymianzweige
1 Bund Dill
Salz, Pfeffer

Zubereitung:

1. Eine Zitrone in Scheiben, die andere in Schiffchen schneiden. Kräuter, Knoblauch und Zitronenscheiben in die Forellen füllen.

2. Hälfte der Butter erhitzen und die Forellen darin von beiden Seiten anbraten. Forellen in eine Auflaufform legen und im vorgeheizten Backofen bei 175 Grad Umluft 20 Minuten backen.

3. Fische salzen, pfeffern, mit der restlichen Butter belegen und mit Zitronenschiffchen servieren.

11. Low Carb Rezepte für Schwein, Lamm, Rind und Wild

Schwein und Rind sind echte Klassiker und dürfen auch bei der Low Carb Ernährung nicht fehlen. Lamm und Wild sind herzhaft und lassen sich vielfältig verarbeiten.

11.1 Schweinebauch mit Sauerkraut

Für 4 Portionen
Zubereitungszeit: 100 Minuten
Schwierigkeitsgrad: leicht
Kalorien: 599 kcal
Nährwerte pro Portion:
Eiweiß: 26 Gramm
Fett: 47 Gramm
Kohlenhydrate: 13 Gramm

Zutaten:

600 Gramm Schweinebauch
500 Gramm Sauerkraut
4 Zwiebeln, in Ringen
500 Milliliter Fleischfond
2 Lorbeerblätter
2 Teelöffel Senf
1 Teelöffel Kümmel
Einige Pimentkörner
Einige Gewürznelken
2 Esslöffel Olivenöl
Salz, Pfeffer

Zubereitung:

1. Schweinebauch in Scheiben schneiden, würzen und mit Senf bestreichen.

2. Öl erhitzen und Fleisch von beiden Seiten braten. Zwiebeln anbraten und auf dem Sauerkraut verteilen. Lorbeerblätter, Kümmel, Nelken und Piment zum Sauerkraut geben. Fleisch dazugeben.

3. Fleischfond aufgießen und köcheln lassen, bis der Fleischfond fast verkocht ist.

11.2 Schweinefilet im Baconmantel

Für 2 Portionen
Zubereitungszeit:
30 Minuten
Schwierigkeitsgrad: leicht
Kalorien: 967 kcal
Nährwerte pro Portion:
Eiweiß: 82 Gramm
Fett: 70 Gramm
Kohlenhydrate: 1 Gramm

Zutaten:

500 Gramm Schweinefilet
300 Gramm Bacon, in Scheiben
1 Teelöffel abgeriebene Zitronenschale
1 Knoblauchzehe, gewürfelt
3 Thymianzweige
2 Rosmarinzweige
2 Basilikumzweige
1 Kerbelzweig
60 Milliliter Olivenöl
Salz, Pfeffer

Zubereitung:

1. Von den Kräutern die Blätter abzupfen. Kräuter, Knoblauch, Zitronenabrieb, Salz, Pfeffer und Öl zu einer Paste verarbeiten.

2. Schweinefilet mit Bacon umwickeln und mit der Paste bestreichen. In der Pfanne von allen Seiten braten. Dann im vorgeheizten Backofen bei 80 Grad Umluft noch 20 Minuten garen.

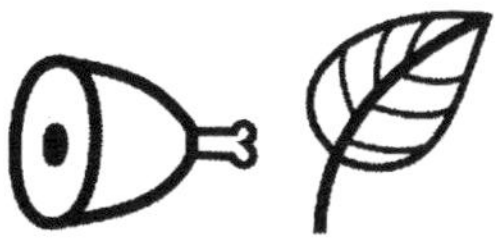

11.3 Schweinebraten mit Kräutern

4 Portionen
Zubereitungszeit: 2 Stunden
Schwierigkeitsgrad: leicht
Kalorien: 595 kcal
Nährwerte pro Portion:
Eiweiß: 93 Gramm
Fett: 24 Gramm
Kohlenhydrate: -

Zutaten:

1,6 kg Schweinerücken ohne Knochen
100 Gramm Pinienkerne
2 Knoblauchzehen, fein gewürfelt
10 Thymianzweige
10 Rosmarinzweige
4 Stiele Salbei
1 Bund Basilikum
1 Esslöffel Senf
50 Milliliter Öl
Salz, Pfeffer

Zubereitung:

1. Kräuter hacken, Pinienkerne im Mörser zerkleinern. Kräuter, Pinienkerne, Knoblauch, Olivenöl, Senf, Salz und Pfeffer vermischen. Fleisch in der Mitte zu drei Vierteln einschneiden und mit der Kräutermischung füllen. Fleisch zusammenklappen und mit Küchengarn zusammenbinden.

2. Fleisch im vorgeheizten Backofen bei 180 Grad Umluft auf der mittleren Schiene auf einem Ofengitter 30 Minuten garen. Ein Blech unter den Rost schieben, um den Bratensaft aufzufangen. Braten wenden und weitere 60 Minuten garen.

11.4 Rindersteak mit Salat

Für 1 Portion
Zubereitungszeit:
30 Minuten
Schwierigkeitsgrad: leicht
Kalorien: 998 Gramm
Eiweiß: 34 Gramm
Fett: 93 Gramm
Kohlenhydrate: 5 Gramm

Zutaten:

1 Rindersteak
150 Gramm Salat
2 Knoblauchzehen, gewürfelt
1 Rosmarinzweig
60 Milliliter Öl
2 Esslöffel Butter
1 Esslöffel BBQ-Sauce
Salz, Pfeffer

Zubereitung:

1. Salat anrichten. Butter und Öl erhitzen. Steak mit Knoblauch und Rosmarin darin von beiden Seiten braten. Aus der Pfanne nehmen.

2. BBQ-Sauce in die Pfanne geben und erwärmen. Steak in Streifen schneiden, auf den Salat geben, Sauce darüber geben und würzen.

11.5 Rinderrouladen mit Gemüsefüllung

Für 3 Portionen
Zubereitungszeit:
200 Minuten
Schwierigkeitsgrad: leicht
Kalorien: 381 kcal
Nährwerte pro Portion:
Eiweiß: 35 Gramm
Fett: 16 Gramm
Kohlenhydrate: 12 Gramm

Zutaten:

3 Rinderrouladen
3 Scheiben Bacon
150 Gramm Knollensellerie
2 Möhren
1 rote Paprikaschote
2 Zwiebeln, in Ringen
1 eingelegte Gurke
300 Milliliter Gemüsefond
200 Milliliter Rotwein
3 Teelöffel Senf
1 Teelöffel 5-Gewürze-Pulver
1 Lorbeerblatt
2 Esslöffel Öl
Salz, Pfeffer

Zubereitung:

1. Rouladen auf ein mit Backpapier belegtes Küchenbrett legen und dünn klopfen. Paprika und Gurke in Streifen schneiden. Sellerie in Würfel, Möhren in Scheiben schneiden.
2. Rouladen mit Senf bestreichen, salzen und pfeffern. Bacon auf die Rouladen legen. Rouladen mit Gurke, Paprika und Zwiebel belegen, aufrollen und mit Küchengarn zusammenbinden.
3. Öl erhitzen und Rouladen darin anbraten. Möhren und Sellerie mitbraten. Mit Rotwein und Gemüsefonds ablöschen, köcheln lassen. Lorbeerblatt und Gewürzpulver dazugeben.
4. Rouladen ungefähr drei Stunden schmoren lassen und immer wieder umdrehen. Flüssigkeit mit Gemüse pürieren.

11.6 Gegrilltes Lammfilet

Für 3 Portionen
Zubereitungszeit:
30 Minuten
Schwierigkeitsgrad: leicht
Kalorien: 412 kcal
Nährwerte pro Portion:
Eiweiß: 48 Gramm
Fett: 18 Gramm
Kohlenhydrate: 11 Gramm

Zutaten:

600 Gramm Lammfilet
200 Gramm Brokkoli
200 Gramm Champignons
100 Gramm getrocknete Tomaten
1 Paprikaschote
4 Knoblauchzehen, gewürfelt
3 Thymianzweige
2 Rosmarinzweige
3 Esslöffel Öl
Salz, Pfeffer

Zubereitung:

1. Lammfilet würzen. Öl erhitzen und Lammfilet darin anbraten. Lammfilet mit den Kräutern in einer feuerfesten Form im vorgeheizten Backofen 20 Minuten bei 180 Grad Umluft garen.

2. Champignons putzen und Stielenden entfernen. Pilze halbieren. Brokkoli in Röschen teilen. Paprika in Streifen schneiden. Knoblauch anbraten, Gemüse darin anbraten.

3. Fleisch in Scheiben schneiden und mit dem Gemüse servieren.

11.7 Lammhaxe mit Gemüse

Für 4 Portionen
Zubereitungszeit:
3 Stunden
Schwierigkeitsgrad: leicht
Kalorien: 1.054 kcal
Nährwerte pro Portion:
Eiweiß: 57 Gramm
Fett: 74 Gramm
Kohlenhydrate: 24 Gramm

Zutaten:

4 Lammhaxen
300 Gramm Kartoffeln
200 Gramm Möhren
200 Gramm Knollensellerie
400 Gramm Feta
5 Knoblauchzehen, gewürfelt
3 Zwiebeln, gewürfelt
5 Rosmarinzweige
5 Thymianzweige
2 Esslöffel Tomatenmark
2 Lorbeerblätter
500 Gramm Lammfond
300 Milliliter Rotwein
8 Esslöffel Öl
1 Teelöffel angedrückte Wacholderbeeren
1 Teelöffel Pimentkörner
Salz, Pfeffer

Zubereitung:

1. Möhren, Sellerie und Kartoffeln schälen und würfeln. Lammhaxen salzen. Die Hälfte des Öls erhitzen und Haxen ringsherum darin braten. Haxen herausnehmen, restliches Öl dazugeben. Möhren und Sellerie darin anbraten. Tomatenmark unterrühren. Mit Rotwein und Fond ablöschen, köcheln lassen.

2. Lammhaxen, Wacholderbeeren, Lorbeerblatt und Kräuter in den Bräter geben und bei 150 Grad Unterhitze zwei Stunden garen.

3. Vom Gemüse die Hälfte herausnehmen und auf Tellern anrichten. Die andere Hälfte pürieren. Feta, Lamm und Kartoffeln zur Sauce geben und im Ofen 30 Minuten bei Ober- und Unterhitze schmoren.

11.8 Hirschkarree mit Rosenkohl mit Gnocchi

Für 4 Portionen
Zubereitungszeit:
2 Stunden
Schwierigkeitsgrad: mittel
Kalorien: 484 kcal
Nährwerte pro Portion:
Eiweiß: 45 Gramm
Fett: 11 Gramm
Kohlenhydrate: 35 Gramm

Zutaten:

600 Gramm Hirschkarree
500 Gramm Rosenkohl
300 Gramm Pfifferlinge
300 Milliliter Rotwein
200 Milliliter Wildfond
2 Esslöffel Preiselbeeren
2 Zwiebeln, in Scheiben
4 Knoblauchzehen, gewürfelt
1 Knoblauchknolle
5 Thymianzweige
4 Rosmarinzweige
½ Chilischote, gehackt
2 Esslöffel Olivenöl
Muskat
Salz, Pfeffer

Für die Low Carb Gnocchi:

500 Gramm Magerquark
3 Eier
7 EL Guarkernmehl
Salz

Zubereitung:

1. Fleisch salzen, pfeffern und im heißen Öl anbraten. Fleisch auf ein mit Backpapier belegtes Blech legen. Knoblauchknolle quer halbieren und mit Thymian und Rosmarin zum Fleisch geben. Im vorgeheizten Backofen bei 80 Grad Umluft 40 Minuten garen.
2. Pilze in Scheiben schneiden und mit Knoblauch und Zwiebeln anbraten. Bratensaft mit Wildfond und Rotwein ablöschen. Chilischote dazugeben. Alles einkochen lassen.
3. Rosenkohl putzen, halbieren und bissfest garen. Preiselbeeren in die Sauce geben. Sauce würzen.
4. Für die Gnocchi Quark, Eier, Mehl und Salz

vermengen und 15 Minuten quellen lassen. Aus dem Teig kleine Bällchen formen und ins kochende Wasser geben.

5. Fleisch mit Rosenkohl, Pilzen, Gnocchi und Sauce servieren.

11.9 Rehsteaks mit Pfifferlingen

Für 4 Portionen
Zubereitungszeit: 35 Minuten
Schwierigkeitsgrad: leicht
Kalorien: 191 kcal
Nährwerte pro Portion:
Eiweiß: 33,6 Gramm
Fett: 6,5 Gramm
Kohlenhydrate: 3,6 Gramm

Zutaten:

500 Gramm Rehrückenfilet
250 Gramm Brokkoli
250 Gramm Pfifferlinge
150 Milliliter Gemüsefond
1 Zwiebel, gewürfelt
2 Knoblauchzehen, gewürfelt
2 Thymianzweige
1 Bund Schnittlauch
1 Esslöffel Preiselbeeren
1 Esslöffel Johannisbrotkernmehl
1 Prise Muskat
1 Esslöffel Öl
Salz, Pfeffer

Zubereitung:

1. Brokkoli in Röschen teilen und 12 Minuten dämpfen.

Pfifferlinge putzen. Vom Rehfilet die Silberhaut entfernen. Fleisch salzen und pfeffern. Öl erhitzen. Zwiebel, Knoblauch und Thymian darin anbraten. Rehsteaks kurz scharf anbraten.

2. Fleisch mit Knoblauch, Zwiebeln und Thymian in Alufolie einwickeln und im vorgeheizten Backofen bei 70 Grad Umluft 20 Minuten ziehen lassen.

3. Gemüsefond zum Bratenfett geben und einreduzieren. Preiselbeeren, Johannisbrotkernmehl, Salz, Pfeffer und Muskat unterrühren.

4. Pfifferlinge in Öl anbraten, salzen und pfeffern. Schnittlauch über die Pfifferlinge streuen.

12. Low Carb für Berufstätige – Rezepte mit besonders kurzer Kochzeit

Bist du berufstätig oder hast du aus anderen Gründen nur wenig Zeit zum Kochen, kannst du die Low Carb Diät trotzdem anwenden. Verschiedene Rezepte sind besonders einfach und schnell bereitet.

12.1 Salat mit Thunfisch und Oliven

Für 2 Portionen
Zubereitungszeit:
10 Minuten
Schwierigkeitsgrad: leicht
Kalorien: 276 kcal
Nährwerte pro Portion:
Eiweiß: 16 Gramm
Fett: 23 Gramm
Kohlenhydrate: 4 Gramm

Zutaten:

150 Gramm gemischter Salat
1 Dose Thunfisch
4 Kirschtomaten
6 schwarze Oliven ohne Stein
1 kleine Zwiebel, gewürfelt
4 Esslöffel Öl
Salz, Pfeffer

Zubereitung:

1. Tomaten halbieren. Thunfisch abgießen.
2. Salat, Zwiebel, Tomaten, Oliven und Öl mischen und würzen. Thunfisch auf dem Salat verteilen.

12.2 Porridge mit Nüssen

Für 1 Portion
Zubereitungszeit:
10 Minuten
Schwierigkeitsgrad: leicht
Kalorien: 378 kcal
Eiweiß: 12 Gramm
Fett: 27 Gramm
Kohlenhydrate: 14 Gramm

Zutaten:

200 Milliliter Mandel- oder Sojamilch
20 Gramm geschroteter Leinsamen
25 Gramm Walnusskerne, gemahlen
10 Gramm Haferflocken
50 Gramm Heidelbeeren
50 Gramm Himbeeren
½ Teelöffel Zimt
2 TL Erythrit

Zubereitung:

1. Milch erhitzen und Leinsamen, Walnüsse, Haferflocken und Zimt einrühren. Alles 8 Minuten köcheln lassen und hin und wieder umrühren.
2. Mit Erythrit süßen und mit Beeren servieren.

12.3 Caprese mit Oliven

Für 1 Portion
Zubereitungszeit:
5 Minuten
Schwierigkeitsgrad: leicht
Kalorien: 480 kcal
Eiweiß: 22,2 Gramm
Fett: 37,5 Gramm
Kohlenhydrate: 6,9 Gramm

Zutaten:

1 Kugel Mozzarella
1 große Tomate
5 schwarze Oliven ohne Stein
2 Basilikumzweige
Einige Schnittlauchhalme
1 Esslöffel Balsamico-Essig
1 Esslöffel Öl
Salz, Pfeffer

Zubereitung:

1. Tomate und Mozzarella in Scheiben schneiden. Mozzarellascheiben auf die Tomatenscheiben legen.

2. Oliven halbieren und auf den Mozzarella legen. Würzen und mit Kräutern, Öl und Balsamico-Essig servieren.

12.4 Garnelenspieße mit Kurkuma

Für 2 Portionen
Zubereitungszeit:
10 Minuten
Schwierigkeitsgrad: leicht
Kalorien: 454 kcal
Nährwerte pro Portion:
Eiweiß: 17,5 Gramm
Fett: 40,9 Gramm
Kohlenhydrate: 1,5 Gramm

Zutaten:

8 Garnelen
1 Knoblauchzehe, gewürfelt
1 cm Ingwerknolle, gerieben
½ Zitrone
8 Esslöffel Kokosöl
½ Teelöffel Kurkuma
Salz, Pfeffer

Zubereitung:

1. Schale und Darm von den Garnelen entfernen. Zitronenschale abreiben und Zitrone auspressen. Zitronensaft, Zitronenabrieb, Knoblauch, Kurkuma, Ingwer und 6 Esslöffel Kokosöl verrühren und die Garnelen mehrere Minuten darin marinieren.

2. Kokosöl erhitzen, restliche Marinade dazugeben und Garnelen auf jeder Seite darin anbraten.

3. Garnelen auf Holzspieße stecken, salzen und pfeffern.

12.5 Geräucherter Lachs mit Zitrone

Für 4 Portionen
Zubereitungszeit:
5 Minuten
Schwierigkeitsgrad: leicht
Kalorien: 216 kcal
Nährwerte pro Portion
Eiweiß: 24 Gramm
Fett: 13,1 Gramm
Kohlenhydrate: 0,2 Gramm

Zutaten:

500 Gramm Räucherlachs
1 Zitrone
Salz, Pfeffer
Einige Stängel Petersilie

Zubereitung:

1. Von der Zitrone eine Hälfte in Schiffchen schneiden, die andere Hälfte auspressen.

2. Lachsscheiben einrollen. Petersilie abzupfen und mit Salz, Pfeffer und Zitronenschiffchen auf dem Lachs arrangieren. Mit Zitronensaft beträufeln.

12.6 Aal auf Rührei

Für 2 Portionen
Zubereitungszeit:
10 Minuten
Schwierigkeitsgrad: leicht
Kalorien: 829 kcal
Nährwerte pro Portion:
Eiweiß: 49,4 Gramm
Fett: 63 Gramm
Kohlenhydrate: 9,9 Gramm

Zutaten:

200 Gramm Räucheraal
4 Eier
1 Zwiebel, gewürfelt
1 Esslöffel Öl
2 Dillzweige
Salz, Pfeffer
4 Scheiben Low Carb Brot

Zubereitung:

1. Eier mit Salz und Pfeffer verrühren. Dill hacken. Vom Aal die Haut entfernen, Aal in Stücke schneiden.

2. Öl erhitzen, Zwiebel darin anbraten, Eier

hineingeben, stocken lassen und umrühren. Dill unterrühren.

3. Rührei auf dem Brot verteilen, Aal darauflegen.

12.7 Geräucherte Forelle mit Spinat

Für 1 Portion
Zubereitungszeit:
5 Minuten
Schwierigkeitsgrad: leicht
Kalorien: 266 kcal
Eiweiß: 15,3 Gramm
Fett: 21,7 Gramm
Kohlenhydrate: 1,9 Gramm

Zutaten:

1 geräuchertes Forellenfilet
30 Gramm Blattsalat-Mix
1 Handvoll Spinatblätter
1 Knoblauchzehe, gewürfelt
1 Esslöffel Apfelessig
2 Esslöffel Olivenöl
Salz, Pfeffer

Zubereitung:

1. Aus Salz, Pfeffer, Öl, Knoblauch und Essig ein Dressing bereiten.

2. Forellenfilet auf den Salat legen und das Dressing darüber geben.

12.8 Paprikaschote mit Hirtenkäse

Für 4 Portionen
Zubereitungszeit:
10 Minuten
Schwierigkeitsgrad: leicht
Kalorien: 88 kcal
Nährwerte pro Portion:
Eiweiß: 14,1 Gramm
Fett: 1,1 Gramm
Kohlenhydrate: 6,5 Gramm

Zutaten:

1 gelbe Paprikaschote
1 rote Paprikaschote
400 Gramm Hirtenkäse
½ Teelöffel Koriander, gemahlen
Muskat
Einige Dillzweige, gehackt
Salz, Pfeffer

Zubereitung:

1. Paprikaschoten halbieren, Kerne entfernen.

2. Hirtenkäse mit Koriander, Dill, Muskat, Salz und Pfeffer mischen und in die Paprikahälften füllen.

12.9 Thunfischsteak

Für 2 Portionen
Zubereitungszeit:
10 Minuten
Schwierigkeitsgrad: leicht
Kalorien: 297 kcal
Nährwerte pro Portion:
Eiweiß: 50,1 Gramm
Fett: 12,6 Gramm
Kohlenhydrate: 0,1 Gramm

Zutaten:

2 Thunfischsteaks
1 Knoblauchknolle
1 Zitrone
1 Esslöffel Butter
1 Esslöffel Öl
Salz, Pfeffer

Zubereitung:

1. Knoblauchknolle quer halbieren, Zitrone in Schiffchen schneiden.

2. Öl erhitzen, Knoblauch mit Schnittfläche hineinlegen. Thunfischsteaks auf jeder Seite 1 Minute im Öl braten. Butter dazugeben.

3. Fisch salzen, pfeffern und mit Zitrone servieren.

13. Low Carb Brot Rezepte

Auf Brot musst du bei der Low Carb Diät nicht verzichten, doch solltest du es selbst backen. Das Low Carb Brot ist perfekt zum Frühstück, Abendessen oder für die Pause bei der Arbeit.

13.1 Low Carb Kürbiskernbrot

Für 12 Scheiben
Zubereitungszeit:
90 Minuten
Schwierigkeitsgrad: leicht
Kalorien: 260 kcal
Nährwerte pro Scheibe:
Eiweiß: 15 Gramm
Fett: 20 Gramm
Kohlenhydrate: 3 Gramm

Zutaten:

200 Gramm gemahlene Mandeln
150 Gramm geschroteter Leinsamen
250 Gramm Magerquark
5 Eier
25 Gramm gemahlene Kürbiskerne
2 Esslöffel ganze Kürbiskerne
2 Esslöffel Sonnenblumenkerne
1 Päckchen Backpulver
½ Teelöffel Kreuzkümmel
2 Teelöffel Salz
1 Teelöffel Kakaopulver

Zubereitung:

1. Mandeln, gemahlene Kürbiskerne, Leinsamen, Kakao, Kreuzkümmel, Salz und Backpulver mischen. Sonnenblumenkerne und 1 Esslöffel ganze Kürbiskerne unterrühren. Quark und Eier mischen und zu den anderen Zutaten geben.

2. Teig bereiten und in eine mit Backpapier ausgelegte Kastenform füllen. Restliche Kürbiskerne über den Teig streuen.

3. Brot im vorgeheizten Backofen bei 160 Grad Umluft 60 Minuten backen.

13.2 Zucchini-Brot

Für 12 Scheiben
Zubereitungszeit:
45 Minuten
Schwierigkeitsgrad: leicht
Kalorien: 130 kcal
Nährwerte pro Scheibe:
Eiweiß: 5 Gramm
Fett: 9 Gramm
Kohlenhydrate: 6 Gramm

Zutaten:

1 kleiner Zucchino
150 Gramm gemahlene Mandeln
1 Banane
3 Eier
3 Teelöffel Honig
1 Teelöffel Kokosöl
1 ½ Teelöffel Backpulver
1 Esslöffel Rosinen
1 Teelöffel Zimt
Salz

Zubereitung:

1. Zucchino raspeln, salzen und einige Minuten ziehen lassen. Zucchino ausdrücken, um die Flüssigkeit zu entfernen.

2. Eier, Honig, Kokosöl und Banane verrühren. Zucchino und Rosinen unterrühren. Mandeln, Backpulver, Zimt und Salz mischen und unter die Zucchini-Masse rühren.

3. Kastenform mit Kokosöl fetten und Teig hineinfüllen. Im vorgeheizten Backofen bei 180 Grad Umluft 35 Minuten backen.

13.3 Chia-Brot

Für 15 Scheiben
Zubereitungszeit:
70 Minuten
Schwierigkeitsgrad: leicht
Kalorien: 280 kcal
Nährwerte pro Scheibe:
Eiweiß: 16,6 Gramm
Fett: 20 Gramm
Kohlenhydrate: 5 Gramm

Zutaten:

500 Gramm Magerquark
300 Gramm gemahlene Mandeln
50 Gramm Chia-Samen
½ Teelöffel Salz
1 Päckchen Backpulver

Zubereitung:

1. Quark mit Chiasamen mischen und 10 Minuten quellen lassen. Mandeln mit Backpulver und Salz mischen und mit dem Chia-Quark zu Teig verarbeiten.
2. Teig zu einem Laib formen, auf ein mit Backpapier belegtes Blech legen und bei 180 Grad Umluft im vorgeheizten Backofen 50 Minuten backen.

13.4 Schnelles Low-Carb-Brot

Für 2 Portionen
Zubereitungszeit: 5 Minuten
Schwierigkeitsgrad: leicht
Kalorien: 345 kcal
Nährwerte pro Portion:
Eiweiß: 15,7 Gramm
Fett: 25,5 Gramm
Kohlenhydrate: 4,8 Gramm

Zutaten:

40 Gramm gemahlene Mandeln
1 Ei
5 Gramm Chia-Samen
1 Prise Salz
½ Teelöffel Backpulver

Zubereitung:

1. Alle Zutaten zu einem Teig verkneten.
2. Teig in eine gefettete, mikrowellengeeignete Tasse füllen und bei 800 Watt 2,5 Minuten erhitzen.

13.5 Haselnuss-Brot

Für 1 Portion
Zubereitungszeit:
70 Minuten
Schwierigkeitsgrad: leicht
Kalorien: 260 kcal
Nährwerte pro Scheibe:
Eiweiß: 15 Gramm
Fett: 20 Gramm
Kohlenhydrate: 3 Gramm

Zutaten:

500 Gramm Quark
(20% Fett)
125 Gramm Haferkleie
50 Gramm Weizenkleie
6 Eier
4 EL geschrotete
Leinsamen
1 EL gehackte Mandeln
4 EL Sonnenblumenkerne
100 Gramm
Flohsamenschalen
2 TL
1 Päckchen Backpulver

Zubereitung:

1. Alle Zutaten vermengen und gut durch mixen. Teig in eine mit Backpapier belegte Form füllen und über Nacht ruhen lassen.
2. Brot im vorgeheizten Backofen bei 190 Grad Ober- und Unterhitze 60 Minuten backen.

13.6 Mandel-Eiweiß-Brot

Für 20 Scheiben
Zubereitungszeit:
80 Minuten
Schwierigkeitsgrad: leicht
Kalorien: 60 Gramm
Nährwerte pro Portion:
Eiweiß: 4 Gramm
Fett: 3 Gramm
Kohlenhydrate: 1 Gramm

Zutaten:

100 Gramm geschroteter Leinsamen
100 Gramm gemahlene Mandeln
300 Gramm Magerquark
4 Esslöffel Weizenkleie
2 Esslöffel Mandelmehl
8 Eiweiß
1 Päckchen Backpulver
1 Teelöffel Salz
2 Esslöffel Weizenkleie für die Form
2 Esslöffel Kürbiskerne
2 Esslöffel Sonnenblumenkerne

Zubereitung:

1. Kastenform mit Wasser einpinseln und mit der Weizenkleie bestreuen.
2. Aus allen Zutaten, bis auf Kürbis- und Sonnenblumenkerne, einen Teig bereiten und in die Form füllen. Kürbis- und Sonnenblumenkerne darüber streuen.
3. Brot im vorgeheizten Backofen bei 180 Grad Umluft 70 Minuten backen.

13.7 Körnerbrot

Für 14 Scheiben
Zubereitungszeit: 70 Minuten
Schwierigkeitsgrad: leicht
Kalorien: 130 kcal
Nährwerte pro Portion:
Eiweiß: 5 Gramm
Fett: 9 Gramm
Kohlenhydrate: 6 Gramm

Zutaten:

100 Gramm gemahlene Mandeln
3 Esslöffel Chia-Samen
1 Esslöffel Flohsamenschalen
70 Gramm Sonnenblumenkerne
65 Gramm Kürbiskerne
3 Esslöffel Sesam
4 Eier
250 Gramm Quark
1 Teelöffel Backpulver
½ Teelöffel Brotgewürz
½ Teelöffel Salz

Zubereitung:

1. Eier und Quark verrühren und mit den anderen Zutaten zu Teig verarbeiten.

2. Teig in eine mit Backpapier ausgelegte Kastenform füllen und im vorgeheizten Backofen bei 175 Grad Umluft 60 Minuten backen.

13.8 Bananenbrot

Für 12 Scheiben
Zubereitungszeit: 1 Stunde
Schwierigkeitsgrad: leicht
Kalorien: 345 kcal
Nährwerte pro Scheibe:
Eiweiß: 16 Gramm
Fett: 25 Gramm
Kohlenhydrate: 5 Gramm

Zutaten:

2 reife Bananen
1 EL geschmolzenes Kokosöl
50 Gramm Mandeln, gemahlen
100 Gramm Mandelmehl
1 Päckchen Backpulver
1 TL Zimt
3 Eier
1 Messerspitze Salz
1 TL Vanille Extrakt

Zubereitung:

1. Eier trennen und Bananen schälen. Bananen (püriert) mit Eigelb, Mehl, Kokosöl, Mandeln, Vanille, Zimt und Backpulver gründlich vermischen. Das Eiweiß mit ein bisschen Salz schaumig schlagen und unter die Teigmasse mischen.

2. Teigmasse in Kastenform füllen und bei 180° C im Backofen 50 Minuten backen.

13.9 Blumenkohl-Brot

Für 15 Scheiben
Zubereitungszeit:
70 Minuten
Schwierigkeitsgrad: leicht
Kalorien: 260 Gramm
Nährwerte pro Scheibe:
Eiweiß: 15 Gramm
Fett: 20 Gramm
Kohlenhydrate: 3 Gramm

Zutaten:

580 Gramm Blumenkohl
1 Ei
6 Eiweiß
60 Gramm Kokosmehl
30 Gramm Parmesan, gerieben
1 Teelöffel Chiliflocken
1 Teelöffel Natron
1 Teelöffel Salz
1 Teelöffel italienische Kräuter
1 Teelöffel Paprikapulver
1 Teelöffel Knoblauchpulver
1 Teelöffel Zitronensaft

Zubereitung:

1. Blumenkohl in Röschen teilen und im Standmixer sehr fein zerkleinern. Alle Zutaten zu Teig verarbeiten.
2. Teig in eine mit Backpapier ausgelegte Form füllen und bei 190 Grad Ober- und Unterhitze 10 Minuten backen. Hitze auf 180 Grad reduzieren und weitere 50 Minuten backen.

14. Low Carb Smoothies

Ideal für als kleiner Snack zwischendurch, aber auch zur Ergänzung des Frühstücks sind die Smoothies. Sie versorgen dich mit Vitaminen und Mineralstoffen.

14.1 Beerensmoothie

Für 1 Portion
Zubereitungszeit:
5 Minuten
Schwierigkeitsgrad: leicht
Kalorien: 76 kcal
Eiweiß: 2 Gramm
Fett: 1 Gramm
Kohlenhydrate: 10 Gramm

Zutaten:

200 Milliliter Wasser
100 Gramm Johannisbeeren
100 Gramm Himbeeren
Etwas Agavendicksaft

Zubereitung:

1. Johannisbeeren von den Stielen streifen.
2. Zusammen mit Himbeeren und Wasser mit dem Stabmixer pürieren. Nach Bedarf mit Agavendicksaft süßen.

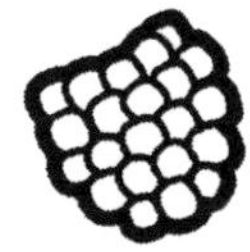

14.2 Himbeersmoothie

Für 2 Portionen
Zubereitungszeit:
10 Minuten
Schwierigkeitsgrad: leicht
Kalorien: 183 kcal
Nährwerte pro Portion:
Eiweiß: 8 Gramm
Fett: 9 Gramm
Kohlenhydrate: 12 Gramm

Zutaten:

150 Milliliter Wasser
50 Gramm Naturjoghurt
100 Milliliter Mandelmilch
25 Gramm Himbeeren
25 Gramm gemahlene Mandeln
25 Gramm Haferflocken
Einige Minzeblättchen

Zubereitung:

1. Alle Zutaten bis auf die Minzeblättchen pürieren.
2. Smoothie in Gläser füllen und mit den Minzeblättchen garnieren.

14.3 Möhren-Orangen-Smoothie

Für 1 Portion
Zubereitungszeit:
5 Minuten
Schwierigkeitsgrad: leicht
Kalorien: 272 kcal
Eiweiß: 3 Gramm
Fett: 1 Gramm
Kohlenhydrate: 19 Gramm

Zutaten:

200 Milliliter Wasser
150 Gramm Möhren
1 Orange
Etwas frisch geriebener Ingwer

Zubereitung:

1. Möhren schälen und in Scheiben schneiden. Orange filetieren.
2. Alle Zutaten mit dem Standmixer pürieren.

14.4 Grüner Smoothie mit Sellerie

Für 1 Portion
Zubereitungszeit:
10 Minuten
Schwierigkeitsgrad: leicht
Kalorien: 123 kcal
Eiweiß: 2 Gramm
Fett: -
Kohlenhydrate: 28 Gramm

Zutaten:

200 Milliliter Wasser
1 Stängel Stangensellerie
50 Gramm Babyspinat
1 Apfel
1 entsteinte Dattel

Zubereitung:

1. Sellerie in Stücke schneiden. Vom Apfel das Kerngehäuse ausschneiden, Apfel in Stücke schneiden.
2. Alle Zutaten pürieren.

14.5 Kirsch-Smoothie

Für 1 Portion
Zubereitungszeit:
5 Minuten
Schwierigkeitsgrad: leicht
Kalorien: 90 kcal
Eiweiß: 1 Gramm
Fett: -
Kohlenhydrate: 21 Gramm

Zutaten:

200 Milliliter Wasser
100 Gramm Kirschen ohne Stein
½ Apfel
Etwas Kokosblütensirup

Zubereitung:

1. Vom Apfel das Kerngehäuse entfernen. Apfel in Stücke schneiden.
2. Alle Zutaten mit dem Stabmixer pürieren.

14.6 Kiwi-Apfel-Smoothie

Für 1 Portion
Zubereitungszeit:
5 Minuten
Schwierigkeitsgrad: leicht
Kalorien: 363 kcal
Eiweiß: 5 Gramm
Fett: 28 Gramm
Kohlenhydrate: 19 Gramm

Zutaten:

200 Milliliter Wasser
30 Gramm Spinat
½ Avocado
1 Kiwi
½ Apfel
10 Gramm Cashewkerne
1 Stängel Minze
1 Spritzer Limettensaft

Zubereitung:

1. Vom Apfel das Kerngehäuse entfernen. Apfel in Stücke schneiden. Kiwi schälen und in Stücke schneiden. Fruchtfleisch der Avocado lösen und grob zerkleinern. 2. Alle Zutaten im Stabmixer pürieren.

14.7 Limetten-Avocado-Smoothie

Für 2 Portionen
Zubereitungszeit:
5 Minuten
Schwierigkeitsgrad: leicht
Kalorien: 232 kcal
Nährwerte pro Portion:
Eiweiß: 3 Gramm
Fett: 16 Gramm
Kohlenhydrate: 17 Gramm

Zutaten:

300 Milliliter Wasser
1 Avocado
½ Banane
50 Gramm Babyspinat
2 Datteln ohne Kern
Saft einer halben Limette

Zubereitung:

1. Fruchtfleisch der Avocado lösen.
2. Alle Zutaten in den Standmixer geben und pürieren.

14.8 Spinat-Ingwer-Smoothie

Für 2 Portionen
Zubereitungszeit:
5 Minuten
Schwierigkeitsgrad: leicht
Kalorien: 155 kcal
Nährwerte pro Portion:
Eiweiß: 3 Gramm
Fett: 12,5 Gramm
Kohlenhydrate: 8,6 Gramm

Zutaten:

300 Milliliter Wasser
50 Gramm Spinat
½ Avocado
½ Banane
2 Esslöffel Soja-Joghurt
1 Teelöffel geriebener Ingwer
2 Teelöffel Ahornsirup

Zubereitung:

1. Fruchtfleisch der Avocado lösen.
2. Alle Zutaten in den Standmixer geben und mixen.

14.9 Avocado-Melonen-Smoothie

Für 3 Portionen
Zubereitungszeit:
10 Minuten
Schwierigkeitsgrad: leicht
Nährwerte pro Portion: 201 kcal
Eiweiß: 1,4 Gramm
Fett: 17,1 Gramm
Kohlenhydrate: 7,1 Gramm

Zutaten:

400 Milliliter Wasser
100 Gramm Honigmelone
1 Avocado
2 Esslöffel Kokosöl
2 Stängel Minze

Zubereitung:

1. Fruchtfleisch der Avocado lösen. Melone in Stücke schneiden.
2. Alle Zutaten in den Standmixer geben und pürieren.

15. Low Carb Weihnachtsrezepte, Kekse & Nachspeisen

Auf Süßes musst du bei der Low Carb Diät nicht verzichten. Die Rezepte zu Weihnachten, aber auch die Kekse und Nachspeisen schmecken lecker und haben nur wenige Kohlenhydrate.

15.1 Low Carb Weihnachts-punsch

Für 8 Portionen
Zubereitungszeit:
15 Minuten
Schwierigkeitsgrad: leicht
Kalorien: 40 kcal
Nährwerte pro Portion:
Eiweiß: -
Fett: -
Kohlenhydrate: 2 Gramm

Zutaten:

1 Liter Früchtetee
1 Liter Grapefruitsaft
3 Kardamomkapseln
5 Gewürznelken
2 Zimtstangen
Etwas Erythrit

Zubereitung:

1. Früchtetee bereiten und Grapefruitsaft dazugeben.
2. Zusammen mit den Gewürzen in einem Topf 15 Minuten erhitzen.

15.2 Magerquark-Plätzchen

Für 10 Portionen
Zubereitungszeit:
30 Minuten
Schwierigkeitsgrad: leicht
Kalorien: 220 kcal
Nährwerte pro Portion:
Eiweiß: 12 Gramm
Fett: 15 Gramm
Kohlenhydrate: 4 Gramm

Zutaten:

300 Gramm Mandelmehl
250 Gramm Magerquark
1 Teelöffel Butter
1 Päckchen Backpulver
2 Eier
5 Esslöffel Milch
6 Esslöffel Öl
1 Esslöffel Erythrit
1 Teelöffel Vanille-Erythrit
Abgeriebene Schale einer halben Zitrone

Zubereitung:

1. Alle Zutaten bis auf die Butter zu Teig verarbeiten. Teig ausrollen und Plätzchen ausstechen.

2. Plätzchen auf ein mit Backpapier belegtes Blech legen. Butter schmelzen und die Plätzchen damit bestreichen.

3. Im vorgeheizten Backofen bei 180 Grad Umluft 15 Minuten backen.

15.3 Kekse mit Schokosplittern

Für 10 Portionen
Zubereitungszeit:
45 Minuten
Schwierigkeitsgrad: leicht
Kalorien: 221 kcal
Nährwerte pro Portion:
Eiweiß: 12,2 Gramm
Fett: 15,2 Gramm
Kohlenhydrate: 3,6 Gramm

Zutaten:

200 Gramm Mandelmehl
125 Gramm Butter
80 Gramm Erythrit
50 Gramm Bitterschokolade, mindestens 85 Prozent Kakao
1 Vanilleschote
1 Ei
½ Päckchen Backpulver
1 Prise Salz

Zubereitung:

1. Vanilleschote längs halbieren und Mark herauskratzen. Vanillemark mit Butter und Erythrit verrühren. Ei unterrühren. Mehl, Backpulver und Salz dazugeben und verrühren. Schokolade fein hacken und unter den Teig heben. Gut verkneten.

2. Aus dem Teig haselnussgroße Kugeln formen, auf ein mit Backpapier belegtes Blech legen und flach drücken.

3. Im vorgeheizten Backofen bei 180 Grad Umluft 15 Minuten backen.

15.4 Schoko-Brownies

Für 9 Portionen
Zubereitungszeit:
45 Minuten
Schwierigkeitsgrad: mittel
Kalorien: 396 kcal
Nährwerte pro Portion:
Eiweiß: 12,2 Gramm
Fett: 34,6 Gramm
Kohlenhydrate: 5,7 Gramm

Zutaten:

220 Gramm Butter
150 Gramm Mandelmehl
150 Gramm Bitterschokolade, mindestens 75 Prozent Kakao
4 Eier
200 Gramm Erythrit
1 Esslöffel Erythrit-Puderzucker
30 Gramm Walnüsse
20 Gramm Mandeln
3/4 Päckchen Backpulver
1 Prise Salz

Zubereitung:

1. Walnüsse und Mandeln hacken. Schokolade zerbrechen und mit der Butter im heißen Wasserbad schmelzen.
2. Eier mit Erythrit und Salz schaumig schlagen. Mandelmehl, Backpulver und Schokoladenmasse dazugeben und mit dem Handmixer gut durchmixen. Nüsse und gehackte Mandeln unterheben.
3. Teig auf ein gefettetes Backblech mit ringsum verlaufendem Rand geben und im vorgeheizten Backofen bei 175 Grad Umluft 20 Minuten backen.
4. Kuchen abkühlen lassen und mit Erythrit-Puderzucker bestreuen.

15.5 Nuss-Mandel-Plätzchen

Für 2 Portionen
Zubereitungszeit:
20 Minuten
Schwierigkeitsgrad: leicht
Kalorien: 91 kcal
Nährwerte pro Keks:
Eiweiß: 2,3 Gramm
Fett: 7,8 Gramm
Kohlenhydrate: 2,5 Gramm

Zutaten:

75 Gramm gemahlene Mandeln
2 Esslöffel ganze Mandeln
2 Esslöffel Cashewkerne
30 Gramm Butter
1 Eigelb
2 Datteln ohne Stein
2 Esslöffel Honig

Zubereitung:

1. Butter schmelzen. Cashewkerne, Mandeln und Datteln hacken. Aus allen Zutaten einen Teig bereiten.

2. Aus dem Teig 12 Kugeln formen, auf ein mit Backpapier belegtes Blech legen, flach drücken.

3. Im vorgeheizten Backofen bei 180 Grad Umluft 10 Minuten backen.

15.6 Lebkuchenschnitten

Für 8 Portionen
Zubereitungszeit:
30 Minuten
Schwierigkeitsgrad: leicht
Kalorien: 172 kcal
Nährwerte pro Portion:
Eiweiß: 3,9 Gramm
Fett: 15 Gramm
Kohlenhydrate: 4,5 Gramm

Zutaten:

50 Gramm Mandelmehl
50 Gramm gemahlene Haselnüsse
50 Gramm Butter
25 Gramm Erythrit
1 Ei
1 Prise Salz
3 Teelöffel Stevia-Streupulver
25 Gramm gehackte Mandeln
20 Gramm getrocknete Apfelringe, gehackt
15 Gramm Gojibeeren, getrocknet und gehackt
2 Teelöffel Lebkuchengewürz
1 Teelöffel Guarkernmehl
1 Teelöffel Backpulver
1 Teelöffel Orangenabrieb

Zubereitung:

1. Butter und Ei schlagen, die übrigen Zutaten unterheben.

2. Teig auf ein mit Backpapier belegtes Blech streichen und im vorgeheizten Backofen bei 175 Grad Umluft 25 Minuten backen.

15.7 Zimtsterne

Für 20 Stück
Zubereitungszeit: 45 Minuten
Schwierigkeitsgrad: leicht
Kalorien: 54 kcal
Nährwerte pro Stück:
Eiweiß: 1,9 Gramm
Fett: 4,5 Gramm
Kohlenhydrate: 1,1 Gramm

Zutaten:

75 Gramm Haselnüsse, gemahlen
75 Gramm Mandelmehl
25 Gramm Kokosmehl
65 Gramm Erythrit-Puder
15 Gramm Stevia-Streupulver
2 Eiweiß
2 Teelöffel Zimt

Zubereitung:

1. Eiweiß zu Schnee schlagen. Erythrit und Stevia-Pulver unterrühren. Vom Eischnee 3 Esslöffel abnehmen.

2. Unter den restlichen Eischnee die übrigen Zutaten rühren. Teig zwischen zwei Lagen Backpapier ausrollen und Sterne ausstechen.

3. Sterne auf ein mit Backpapier belegtes Blech legen und mit übrigem Eischnee bestreichen.

4. Im vorgeheizten Backofen bei 125 Grad Umluft 30 Minuten backen.

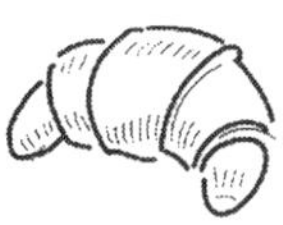

15.8 Haselnuss-Kipferl

Für 28 Stück
Zubereitungszeit:
30 Minuten
Schwierigkeitsgrad: leicht
Kalorien: 49 kcal
Nährwerte pro Stück:
Eiweiß: 1,5 Gramm
Fett: 4,5 Gramm
Kohlenhydrate: 0,6 Gramm

Zutaten:

75 Gramm gemahlene Haselnüsse
75 Gramm Butter
50 Gramm Mandelmehl
65 Gramm Erythrit-Pulver
1 Ei
1 Eigelb
3 Teelöffel Stevia-Streupulver
1 Teelöffel Backpulver
1 Teelöffel Guarkernmehl
½ Teelöffel Bourbon-Vanille, gemahlen
1 Messerspitze Zimt

Zubereitung:

1. Butter mit Ei und Eigelb verrühren. Restliche Zutaten unterrühren und zu Teig verarbeiten. Teig in Klarsichtfolie wickeln und im Kühlschrank 1 Stunde ruhen lassen.

2. Teig in Scheiben schneiden, zu Kipferln formen. Kipferl auf ein mit Backpapier belegtes Blech legen.

3. Im vorgeheizten Backofen bei 170 Grad Umluft 12 Minuten backen.

15.9 Limetten-Mandel-Kekse

Für 32 Kekse
Zubereitungszeit:
25 Minuten
Schwierigkeitsgrad: leicht
Kalorien: 49 kcal
Nährwerte pro Keks:
Eiweiß: 1,5 Gramm
Fett: 4,5 Gramm
Kohlenhydrate: 0,6 Gramm

Zutaten:

480 Gramm Mandelmehl
170 Gramm Butter
140 Gramm Erythrit
Abgeriebene Schale von 4 unbehandelten Limetten

Zubereitung:

1. Butter schmelzen und mit den restlichen Zutaten zu Teig verarbeiten. Teig zu einer Rolle formen und eine Stunde im Kühlschrank ruhen lassen.
2. Aus der Rolle Scheiben schneiden und auf ein mit Backpapier belegtes Blech legen.
3. Im vorgeheizten Backofen bei 175 Grad Umluft 15 Minuten backen.

16. Low Carb Beilagen und Snacks

Beilagen geben einer Mahlzeit erst den richtigen Pfiff und dürfen auch bei der Low Carb Diät nicht fehlen. Für den kleinen Hunger zwischendurch oder für die Pause beim Sport sind die Snacks geeignet.

16.1 Low Carb Mandelriegel

Für 9 Portionen
Zubereitungszeit:
25 Minuten
Schwierigkeitsgrad: leicht
Kalorien: 112 Gramm
Nährwerte pro Portion:
Eiweiß: 2,5 Gramm
Fett: 9 Gramm
Kohlenhydrate: 4,2 Gramm

Zutaten:

40 Gramm Mandelblättchen
15 Gramm gemahlene Mandeln
30 Gramm ganze Mandeln
15 Gramm Haferflocken
10 Gramm Kokosraspeln
10 Gramm Chia-Samen
1 Esslöffel Agavendicksaft
1 Esslöffel Honig
30 Gramm Butter
½ Teelöffel gemahlene Bourbon-Vanille
½ Teelöffel Zimt
1 Prise Salz

Zubereitung:

1. Butter mit Honig und Agavendicksaft schmelzen. Zimt und Vanille dazugeben.

2. Mandeln hacken. Mandelblättchen zerdrücken und mit gehackten und gemahlenen Mandeln, Haferflocken, Kokosraspeln, Chia-Samen und Salz vermengen. Buttermischung dazugeben und alles gut verrühren.

3. Teig auf ein mit Backpapier belegtes Blech streichen und im vorgeheizten Backofen bei 175 Grad Umluft 15 Minuten backen.

4. Aus dem lauwarmen Teig 9 Riegel schneiden. Riegel abkühlen lassen.

Luftdicht verschlossen aufbewahrt halten sich die Riegel einige Tage.

16.2 Avocado mit Lachsröllchen

Für 2 Portionen
Zubereitungszeit:
10 Minuten
Schwierigkeitsgrad: leicht
Kalorien: 450 kcal
Nährwerte pro Portion:
Eiweiß: 13,5 Gramm
Fett: 36,4 Gramm
Kohlenhydrate: 11,2 Gramm

Zutaten:

2 Avocados
8 Scheiben geräucherter Wildlachs
2 Tomaten
1 unbehandelte Zitrone
Etwas Schnittlauch
Etwas Balsamico-Essig
Pfeffer aus der Mühle

Zubereitung:

1. Avocados halbieren und den Kern entfernen. Fruchtfleisch kreuzweise einschneiden. Tomaten in Achtel schneiden. Zitrone halbieren. Eine Hälfte in dünne Scheiben schneiden, aus der anderen Hälfte Zesten reißen. Avocadohälften pfeffern.

2. Lachs zusammenrollen und in die Avocadohälften legen. Zitronenzesten über den Lachs streuen.

3. Schnittlauch in Röllchen schneiden. Tomaten und Zitronenscheiben auf den Lachs geben, Schnittlauch darüber streuen, mit Balsamico-Essig beträufeln.

16.3 Gemüsesticks mit Dip

Für 2 Portionen
Zubereitungszeit:
10 Minuten
Schwierigkeitsgrad: leicht
Kalorien: 61 kcal
Nährwerte pro Portion:
Eiweiß: 5,1 Gramm
Fett: 0,7 Gramm
Kohlenhydrate: 6,5 Gramm

Zutaten:

50 Gramm Gurke
1 Karotte
4 Kirschtomaten
1 Selleriestange
2 Radieschen

Für den Dip:

50 Gramm Quark
50 Milliliter Soja-Joghurt
1 Esslöffel Zitronensaft
Dill
Bunter Pfeffer
Muskat
Chiliflocken
Salz

Zubereitung:

1. Gurke halbieren und lange Streifen daraus schneiden. Aus der Selleriestange ebenfalls lange Streifen schneiden. Karotte schälen, zu dünnen Streifen schneiden. Tomaten halbieren, Radieschen vierteln.
2. Für den Dip alle Zutaten gut vermischen. Gemüse mit Dip servieren.

16.4 Zucchini-Röllchen mit Lachs und Frischkäse

Für 8 Portionen
Zubereitungszeit:
25 Minuten
Schwierigkeitsgrad: leicht
Kalorien: 68 kcal
Nährwerte pro Portion:
Eiweiß:4 Gramm
Fett: 3 Gramm
Kohlenhydrate: 2 Gramm

Zutaten:

2 kleine Zucchini
150 Gramm geräucherter Lachs
200 Gramm Frischkäse
Etwas Meerrettich
½ Bund Schnittlauch
1 Zitrone
Salz, Pfeffer

Zubereitung:

1. Aus den Zucchini längs 5 mm dicke Scheiben schneiden und in einer beschichteten Pfanne kurz anbraten. Einige lange Schnittlauchhalme zurücklassen, den restlichen Schnittlauch hacken. Frischkäse, gehackten Schnittlauch, Meerrettich, Pfeffer und Salz verrühren.
2. Frischkäse auf die Zucchinischeiben streichen, mit Lachs belegen, aufrollen und mit den Schnittlauchhalmen zusammenbinden.
3. Zitrone auspressen und Saft über die Zucchiniröllchen geben.

16.5 Gurkenchips mit Lachs

Für 2 Portionen
Zubereitungszeit: 15 Minuten
Schwierigkeitsgrad: leicht
Kalorien:173 kcal
Nährwerte pro Portion:
Eiweiß: 14 Gramm
Fett: 10,4 Gramm
Kohlenhydrate: 3 Gramm

Zutaten:

100 Gramm geräucherter Lachs
125 Gramm Soja-Joghurt
½ Gurke
4 Teelöffel Meerrettich
1 Teelöffel Senf
Etwas Kresse
1 Zitrone
Salz, Pfeffer

Zubereitung:

1. Gurke in Scheiben schneiden. Lachs in Streifen schneiden.
2. Zitrone auspressen und Zitronensaft mit

Sojajoghurt, Senf und Meerrettich verrühren. Mit Salz und Pfeffer würzen.

3. Auf die Gurkenscheiben jeweils 1 Teelöffel Joghurtmasse geben. Lachs zusammenklappen und auf die Gurkenscheiben setzen. Mit Kresse servieren.

16.6 Gefüllte Tomaten

Für 4 Portionen
Zubereitungszeit:
20 Minuten
Schwierigkeitsgrad: leicht
Kalorien: 140 kcal
Nährwerte pro Portion:
Eiweiß: 4,9 Gramm
Fett: 11,1 Gramm
Kohlenhydrate: 5,3 Gramm

Zutaten:

4 Tomaten
40 Gramm grüne Oliven ohne Stein
6 Radieschen
100 Gramm Frischkäse
100 Gramm Ricotta
1 Frühlingszwiebel, in Ringen
Kresse
Etwas gemahlene Muskatnuss
Salz, Pfeffer

Zubereitung:

1. Von den Tomaten den Deckel abschneiden und die Kerne entfernen.

2. Ricotta und Frischkäse mischen. Oliven und Radieschen in Scheiben schneiden, Basilikum hacken. Oliven, Radieschen, Zwiebel, Basilikum und Gewürze dazugeben und gut verrühren.

3. Alles in die Tomaten füllen und mit Kresse garnieren.

16.7 Rote-Bete-Carpaccio

Für 4 Portionen
Zubereitungszeit:
40 Minuten
Schwierigkeitsgrad: leicht
Kalorien: 73 kcal
Nährwerte pro Portion:
Eiweiß: 1,5 Gramm
Fett: 4,6 Gramm
Kohlenhydrate: 5,7 Gramm

Zutaten:

2 Rote Bete à 150 Gramm
40 Gramm Rucola
4 Radieschen
Salz, Pfeffer
2 Esslöffel Olivenöl
1 Esslöffel Balsamico-Essig

Zubereitung:

1. Rote Bete in Wasser 30 Minuten garen. Schälen und in dünne Scheiben schneiden. Radieschen in dünne Scheiben schneiden. Olivenöl mit Balsamico-Essig und Gewürzen vermischen.
2. Rote Bete auf Tellern angeben, Öl-Essig-Mischung darüber geben. Mit Radieschen und Rucola servieren.

16.8 Gefüllte Paprika

Für 3 Portionen
Zubereitungszeit:
10 Minuten
Schwierigkeitsgrad: leicht
Kalorien: 172 kcal
Nährwerte pro Portion:
Eiweiß: 5 Gramm
Fett: 14,6 Gramm
Kohlenhydrate: 4,5 Gramm

Zutaten:

200 Gramm Baby Paprika
200 Gramm Frischkäse
50 Gramm Bauchspeck gewürfelt
1 TL Estragon
1 Messerspitze Pfeffer

Zubereitung:

1. Vom Paprika Strunk abschneiden und entkernen. Frischkäse mit Estragon und Pfeffer vermengen.
2. In einer Pfanne Speck anbraten und zum Frischkäse hinzufügen. Paprika füllen.

16.9 Gebackener Schafskäse

Für 2 Portionen
Zubereitungszeit:
20 Minuten
Schwierigkeitsgrad: leicht
Kalorien: 374 kcal
Nährwerte pro Portion:
Eiweiß: 16 Gramm
Fett: 32 Gramm
Kohlenhydrate: 3 Gramm

Zutaten:

2 Stück Schafskäse
10 Oliven mit Stein
4 kleine Tomaten
1 Teelöffel Zitronensaft
4 Zweige Rosmarin
2 Knoblauchzehen, fein gewürfelt
1 Teelöffel Tomatenmark
1 Teelöffel Erythrit
½ Teelöffel Edelsüß-Paprika
2 Esslöffel Olivenöl
Salz, Pfeffer

Zubereitung:

1. Knoblauch, Olivenöl, Erythrit, Zitronensaft, Paprikapulver und Tomatenmark verrühren.
2. Schafskäse in eine Auflaufform legen und mit dieser Mischung bestreichen. Salzen und pfeffern. Oliven, Tomaten und Rosmarin dazugeben.
3. Käse im vorgeheizten Backofen bei 140 Grad Umluft 15 Minuten backen.

16.10 Überbackene Feigen

Für 2 Portionen
Zubereitungszeit:
15 Minuten
Schwierigkeitsgrad: leicht
Kalorien: 266 kcal
Nährwerte pro Portion:
Eiweiß: 8,2 Gramm
Fett: 8,5 Gramm
Kohlenhydrate: 20 Gramm

Zutaten:

4 frische Feigen
60 Gramm Ziegenfrischkäse
1 Teelöffel Honig
1 Rosmarinzweig

Zubereitung:

1. Feigen so vierteln, dass sie noch am Boden zusammenhängen. Mit Honig bestreichen. Vom Rosmarinzweig die Nadeln abzupfen und hacken.
2. Ziegenfrischkäse auf die Feigen geben, mit Rosmarin bestreuen.
3. Feigen auf ein mit Backpapier belegtes Blech legen und bei 220 Grad 10 Minuten grillen.

17. Low Carb Challenge - 30 Tage Ernährungsplan

Möchtest du es mit der Low Carb Ernährung versuchen und abnehmen? Dann kann dir dieser Ernährungsplan für 30 Tage helfen.

Tag 1:
Porridge mit Nüssen – Gegrilltes Lammfilet – Ratatouille mit Kräutern

Tag 2:
Low Carb Brot mit Avocado und Lachs – Big Mac Wrap – Auberginenlasagne

Tag 3:
Gemüse-Omelett – Blumenkohl mit Spiegelei und Bacon – Wolken-Burger

Tag 4:
Low Carb Brot mit Hüttenkäse und Avocado – Geräucherte Forelle mit Spinat – Schweinebraten mit Kräutern

Tag 5:
Rührei mit Bacon und Schnittlauch – Zanderfilet mit Gemüse – Tomatensalat mit Kräutern

Tag 6:
Spiegelei mit Paprika und grünen Bohnen – Lachsfilet mit Mandelkruste und Erbsen-Pastinaken-Püree – Auberginen-Tomaten-Bruschetta

Tag 7:
Müsli mit Banane – Bratkohl mit Speck – Thunfischsteak

Tag 8:
Fruchtiges Müsli – Rinderrouladen mit Gemüsefüllung – Mozzarella-Wrap

Tag 9:
Low Carb Brot mit Avocado und Forelle – Rehsteaks mit Pfifferlingen – Salat mit Feigen und Kiwi

Tag 10:
Himbeermüsli – Lammhaxe mit Gemüse – Caprese mit Oliven

Tag 11:
Spiegeleier mit Bacon und Avocado – Zucchini-Auflauf – Rotkohl-Apfel-Salat

Tag 12:
Obstsalat – Lachs in Sesamkruste – Grillspieße mit Gemüse und Hähnchenbrust

Tag 13:
Aal auf Rührei – Schweinefilet im Baconmantel – Eier-Avocado-Salat

Tag 14:
Grüner Smoothie mit Sellerie – Mediterrane Fischpfanne – Putenröllchen mit Rote-Bete-Blatt-Salat

Tag 15:
Melonensalat mit Schinken – Avocadopfanne mit Schweinefilet – Fitness-Burger mit Bacon

Tag 16:
Cheeseburger-Salat-Wrap – Basilikum-Pesto-Nudeln – Paprikaschote mit Hirtenkäse

Tag 17:
Spiegelei mit Paprika und grünen Bohnen – Puten-Kebab-Spieße – Cantaloupe-Melone mit Parmaschinken

Tag 18:
Müsli mit Banane – Hirschkarree mit Rosenkohl und Gnocchi – Salat mit Thunfisch und Oliven

Tag 19:
Wraps mit Feta-Füllung – Schweinebauch mit Sauerkraut – Hähnchenbrust mit Avocado

Tag 20:
Low Carb Brot mit Avocado und Lachs – Zucchini-Bratlinge mit Joghurt-Dip – Wolken-Burger

Tag 21:
Blumenkohlrösti mit Spiegelei – Thunfisch mit Kräuterkruste – Eier-Avocado-Salat

Tag 22:
Gemüse-Omelett – Hähnchenbrust und grüne Bohnen – Rosenkohlsalat mit Mandeln

Tag 23:
Fruchtiges Müsli – Gegrillte Dorade – Spinat-Salat mit Erdbeeren

Tag 24:
Low Carb Brot mit Avocado und Lachs – Fisch in Tomatensauce – Putenspieße mit Dip

Tag 25:
Rührei mit Bacon und Schnittlauch – Gegrillte Zucchini mit Kräutern – Grillspieße mit Gemüse und Hähnchenbrust

Tag 26:
Limetten-Avocado-Smoothie – Hähnchencurry mit grünen Bohnen – Salat mit Feigen und Kiwi

Tag 27:
Himbeermüsli – Putenfilet mit Tomaten und Bohnen – Vegane Burger

Tag 28:
Spiegeleier mit Bacon und Avocado – Kabeljau mit Kruste – Geräucherter Lachs mit Zitrone

Tag 29:
Müsli mit Banane – Gegrillter Lachs mit Kürbis und Bohnen – Champignon-Tomaten-Gemüse

Tag 30:
Spiegelei mit Paprika und grünen Bohnen – Gebratene Forelle – Rucola-Salat mit Tomaten

Schlusswort

Die Low Carb Diät bietet viele Möglichkeiten für eine leckere und abwechslungsreiche Ernährung. Du musst nicht hungern, die Gerichte halten lange satt. Fett- und eiweißreiche Speisen sind erlaubt, lediglich die Kohlenhydratzufuhr musst du einschränken. Die ganze Familie kann mitessen.

Mit dieser Ernährung kannst du den Spaß am Kochen entdecken. Fastfood und Fertiggerichte sind tabu. Verschiedene Gerichte lassen sich jedoch schnell zubereiten und eignen sich auch für diejenigen, die wenig Zeit haben.

Du kannst mit der Low Carb Diät Fett verbrennen und langfristig abnehmen. Diese Diät hat keinen Jojo-Effekt. Sie kann helfen, Herz-Kreislauf-Erkrankungen, Diabetes und anderen Erkrankungen vorzubeugen. Sie eignet sich auch für Diabetiker, da die Kohlenhydrataufnahme eingeschränkt ist.

Entdecke die zahlreichen Rezepte und probiere sie aus. Sie sind leicht nachzukochen. Vielleicht ist auch dein Lieblingsgericht dabei.

Media Commerce
c/o Hermine Treitner
Laxenburgerstraße 136/11/5
1100 Wien
Österreich / Austria

Gedruckt/Vertrieben und Verkauft via
Amazon.com, Inc. oder einer Tochtergesellschaft

41903296R00065

Printed in Poland
by Amazon Fulfillment
Poland Sp. z o.o., Wrocław